BIENENGEDANKEN

Bettina Thierig und Dorothea Brückner

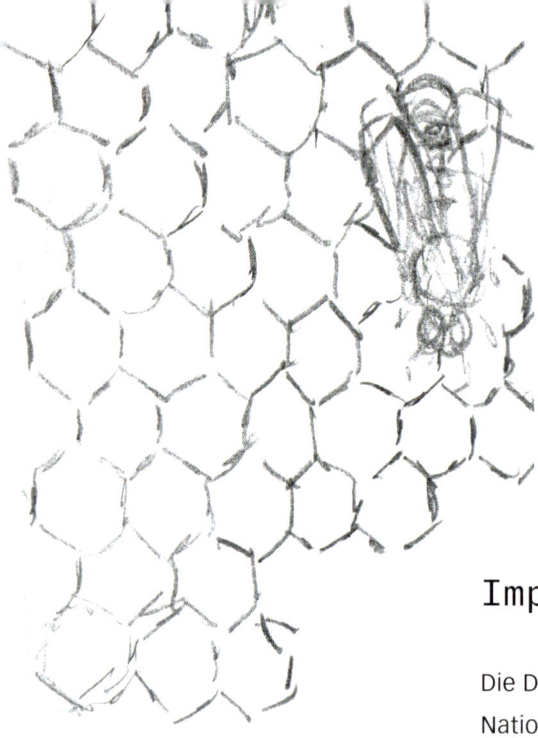

Impressum

1. Auflage 2023
ISBN 978-3-86489-411-4
Westend Verlag GmbH, Frankfurt/Main 2023

Herausgeber: Schweisfurth Stiftung
Umschlaggestaltung: Simca Susan Schön unter
Verwendung eines Fotos von Michael Haydn
Illustration: Bettina Thierig
Layout: Bettina Thierig und Simca Susan Schön
Satz: Simca Susan Schön
Druck und Bindung: Elbe Druckerei Wittenberg
Printed in Germany; Klimaneutrales Druckprodukt
Wir danken unseren Familien, Florian Schwinn und
der IVV GmbH für die Unterstützung

SCHWEISFURTH STIFTUNG

Klimaneutral
Druckprodukt
ClimatePartner.com/15682-2301-1001

BIENENGEDANKEN

Bettina Thierig und Dorothea Brückner

BIENEN

Bienen haben mich in dem Prozess, dieses Buch herzustellen, immer wieder überrascht. Ich hatte den Eindruck, dass durch mein neu erwachtes Interesse, allein durch das genauere Hinschauen, sich Welten auftaten. Welten, die schon die ganze Zeit unmittelbar neben mir existiert hatten, die ich aber nicht gesehen hatte und die ich jetzt entdecken durfte.

An diesem Vorgang der Expedition in eine nahe und doch ganz überraschende Welt, die begeistert, die überrascht, die erstaunt – daran möchten wir Sie gerne teilhaben lassen.

Der Beginn dieses Buches liegt im Sommer 2018, als ich Artist in Residence im Hanse-Wissenschaftskolleg in Delmenhorst war. Ich wollte das Stipendium nutzen, um tiefer in das von mir gewählte Thema »Bienen und Waben« einzusteigen. So begegnete ich der Bienenwissenschaftlerin Dorothea Brückner im Juli in

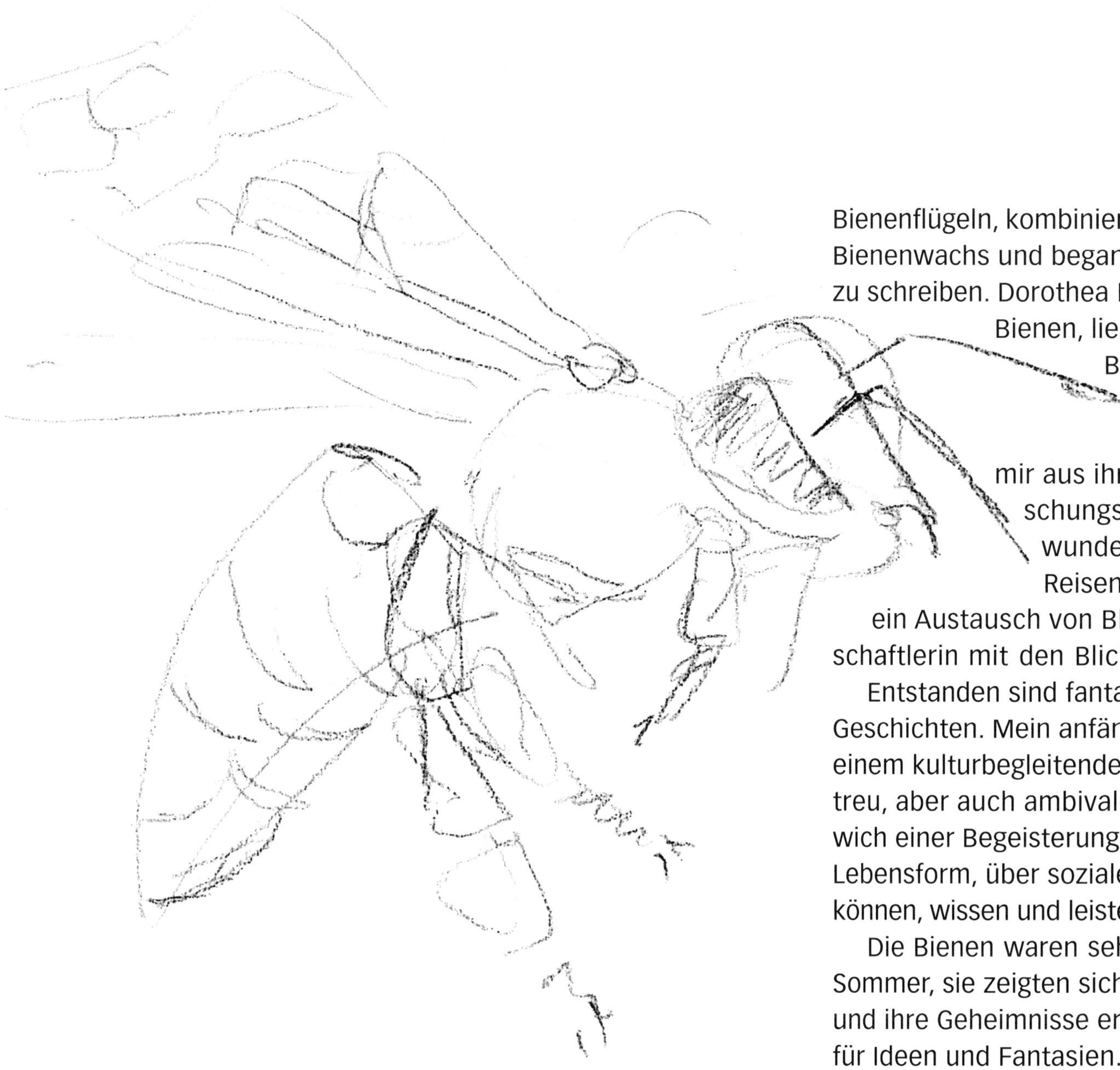

Bremen. Wir hatten Glück, die Bienen in den Versuchsbienenstöcken an der Universität Bremen flogen in diesem heißen Sommer 2018.

Schon der erste Besuch bei Dorothea Brückner ließ anklingen, dass hier etwas Außergewöhnliches und Gemeinsames möglich wäre. Aus dem Anliegen, sich über Bienen zu informieren, um ein Kunstprojekt vorzubereiten, entwickelte sich ein tiefergehendes Interesse. Ich begab mich auf die Suche, sammelte Wissen und Eindrücke, machte große Linolschnitte von Strukturen von Bienenflügeln, kombinierte Steinskulpturen mit Bienenwachs und begann, Gedichte über Bienen zu schreiben. Dorothea Brückner zeigte mir die Bienen, ließ mich am Leben der Bienen teilhaben, gab Einblicke in die Bienenforschung und erzählte mir aus ihrer langjährigen Forschungsarbeit. Es begann ein wunderschönes gemeinsames Reisen in die Welt der Bienen, ein Austausch von Blicken der Wissenschaftlerin mit den Blicken der Künstlerin.

Entstanden sind fantastische und unglaubliche Geschichten. Mein anfängliches Interesse an einem kulturbegleitenden Tier, dem die Menschen treu, aber auch ambivalent gegenüberstehen, wich einer Begeisterung über eine hochkomplexe Lebensform, über soziale Tiere, die so viel mehr können, wissen und leisten, als ich je gedacht hätte.

Die Bienen waren sehr kooperativ in diesem Sommer, sie zeigten sich, ließen sich beobachten und ihre Geheimnisse erahnen, gaben Anlass für Ideen und Fantasien.

Den ganzen Sommer über sammelte ich auch Honig. Hellen Rapshonig aus dem Norden mit spürbaren Zuckerkristallen darin, dunklen, fast schwarzen Honig aus Dorothea Brückners Forschungsprojekt in Kamerun und auch den milden Honig ihrer eigenen Bienen. Rotbräunlichen Honig aus einem Garten am Wald in Bremen, italienischen Kastanienhonig, intensiv riechenden, festen braunen Buchweizenhonig aus Russland, goldgelben weichen Sonnenblumenhonig. Jemand brachte mir eine Flasche dunklen, flüssigen und würzigen Honig aus Kolumbien mit. In Ganderkesee kaufte ich klaren, hellen Lindenhonig und der Imker erzählte mir von seiner Methode, die Honiggläser in einem selbstgebauten zimmergroßen Riesenrad im Kreis fahren zu lassen, damit sie zwar gerührt würden, aber unter Sauerstoffausschluss, was zu einem wunderbaren Aroma führte. Ich bekam ein kleines Glas Honig aus Produktion der Hausgemeinschaft Große Gröpelgrube aus Lübeck geschenkt, die sich entschlossen hatte, gemeinsam drei Bienenvölker in ihrem Garten zu versorgen, und durfte den köstlichen Honig aus dem Garten hinter der Lübecker Brahmsvilla probieren. Mehrere Imker erzählten mir über ihre Arbeit, bei einigen durfte ich in die Stockkarten sehen, auf denen sie die Arbeiten an den Bienenvölkern dokumentierten.

Der Honig begleitete die Beschäftigung mit den Bienen auch im nächsten Jahr, und so begleitet er auch dieses Buch in der Form von wunderschönen Honigfotografien, die der Fotograf Michael Haydn aus den gesammelten Honigsorten geschaffen hat. Der Honig begleitete das Nachdenken über die Bienen aber auch mit seinem Geschmack und seinem Duft und seiner – je nach Bedarf – anregenden, tröstenden und betörenden Wirkung. Und der Honig wird auch Sie durch das ganze Buch begleiten.

Neben den Texten und den Abbildungen der Kunstwerke sind außerdem großartige rasterelektronenmikroskopische Aufnahmen von Harry Manfeld vom Institut für Anatomie der Universität zu Lübeck zu sehen, die ein wenig von der Rätselhaftigkeit der Bienen offenbaren – die Erklärungen von Dorothea Brückner helfen dabei, die Bilder zu verstehen, ohne ihnen dabei die Faszination zu rauben.

Ich wünsche Ihnen viel Freude beim Entdecken.

Ihre
Bettina Thierig

kommunizieren

Bienengedanken

Wer möchte schon immer
Mit dem mahnenden Zeigefinger erscheinen
Bei Superman
Ist es die Faust, die ganze Hand
Die nach vorne geht
Beim tastenden Sprechgeschehen
Werden Wege gesucht
Manche eingeschlagen
Andere begangen
Gesetztes und Bedachtes
Wird sorgfältig
Von Unwillkürlichem geschieden
Jetzt tiefer in die Blüte tauchen
Um Nektar zu finden
Mit den Mundwerkzeugen aufzunehmen
Sich einzuverleiben
Mit den eigenen Fermenten und Worten
Anzureichern
Als Sprache verändert
Wieder hervorzubringen
Die Eindrücke der anderen
Die Gedanken der Bienen
Werden wie Pollen abgekämmt
Nach Hause getragen
Und eingelagert
Aber das Ergebnis
Ist kein feiner Honig
Sondern ein ungewisses
Gewebe

Was kann eine Frage?

Lässt sich ein Warum sehen?
Und ein Wenn?
Läuft es ganz gut?
Gibt es mehr davon?
Wie schnell geht es?
Was kann eine Frage?
Wird immer nur geredet?
Sogar man selbst?
Werden gute Gedanken
Vom Teller gestreichelt?
Wachsen die Fingernägel
Schneller als Antworten?
Werden im Gehirn Waben gebaut?
Ist der Weg die Baustelle?
Und sehnt sich nach Wirkung?
Die ganze Zeit?
Die Bilder waren noch grau.

UT! SIM, SIM! UND AK AK AK AAK!

Ihr war eine Besonderheit bei der Bienenhaltung in Ägypten zu Ohren gekommen, und die Bienenwissenschaftlerin bat einen ihrer Doktoranden, der dort gelebt hatte, dieses besondere Ereignis zu filmen.

Der Film war von nicht besonders guter Qualität, er war verwackelt, aber er zeigte genau das, was sie sehen wollte: An diesem Ort in Ägypten, in Assiut, werden Bienenstöcke anderes gebaut, als wir sie in Deutschland kennen. Es werden etwa zwei Meter lange Röhren aus Nilschlamm gefertigt und gestapelt. Die obere, äußere Schicht im Röhrenstapel bleibt leer und dient der Isolation, dem Schutz vor zu großer Hitze. In den anderen Röhren werden Bienenvölker angesiedelt.

Nun kann der Imker aber nicht – wie bei einer kastenförmigen Beute, wie wir sie kennen –, den Deckel von oben öffnen und das Bienenvolk kontrollieren. Die Deckel der Röhren werden fest mit Lehm verschlossen und nur ein kleines Flugloch bleibt offen. Trotzdem möchte er aber natürlich wissen, wann das Volk schwärmen wird, denn wenn es einmal geschwärmt ist, kann er es wahrscheinlich nicht mehr einfangen und er verliert viele Bienen. Also beobachtet er sie genau.

Wenn in einem Bienenstock in den speziell für die Königinnen gebauten großen Weiselzellen neue Bienenköniginnen heranwachsen, beginnen diese mit der frei laufenden, alten Königin zu kommunizieren. Sie drücken ihren Rückenpanzer gegen die Zellenwand und erzeugen mit ihren Brustmuskeln rhythmische Vibrationen, die als Ton für Menschen gut wahrnehmbar sind. Wenn aber die alte Königin diesen Ton hört, antwortet sie, indem sie ihren Brustpanzer ebenfalls auf die Waben drückt und durch Muskelvibrationen ihrerseits einen Ton erzeugt. Wenn die jungen Königinnen diesen Ton hören, wissen sie, die alte Königin ist noch da. Es ist für sie also zu gefährlich, schon zu schlüpfen, sie würden erstochen, sobald sie aus der Zelle heraus wären. Wenn die alte Königin den Ton hört, weiß sie, die neuen Königinnen sind bald schlupfbereit, sie muss mit einem Teil der Arbeitsbienen bald schwärmen und den alten Stock verlassen. Wenn die jungen Königinnen keine Antwort von der alten Königin bekommen, wissen sie, dass sie nun schlüpfen können, da die alte Königin nun fort ist.

ahmt nach

Was hat das mit dem ägyptischen Imker zu tun? Ganz einfach: Er hat die Bienenkommunikation genau beobachtet und öffnet nun die Nilschlammröhre und ruft – den Rhythmus der alten Bienenkönigin nachahmend – in die Röhre hinein: Aak ak ak ak ak aak.

Und das Fantastische ist, die jungen Bienenköniginnen antworten. Wenn also eine mehrstimmige Antwort kommt, dann öffnet er den Bienenbau, entnimmt die fast reifen Weiselzellen mit den jungen Königinnen und tut sie zusammen mit einer Anzahl von Bienen in eine neue, noch leere Röhre. So kann er ein neues Volk bilden und verliert die Bienen nicht.

Bei Wilhelm Busch in dem Gedicht »Meister Dralles Bienen schwärmen« benutzt Busch an der Stelle, kurz bevor die Königin schwärmt, genau diese Worte, die den Ton der Bienenköniginnen imitieren sollen:

> »Tut, tut! Sim, sim! So tönt es leise
> im Bienenstock her und hin;
> es sammelt sich das Volk im Kreise,
> denn also spricht die Königin:
> (…)«

So erweist Wilhelm Busch sich wieder einmal als ausgezeichneter Bienenkenner.

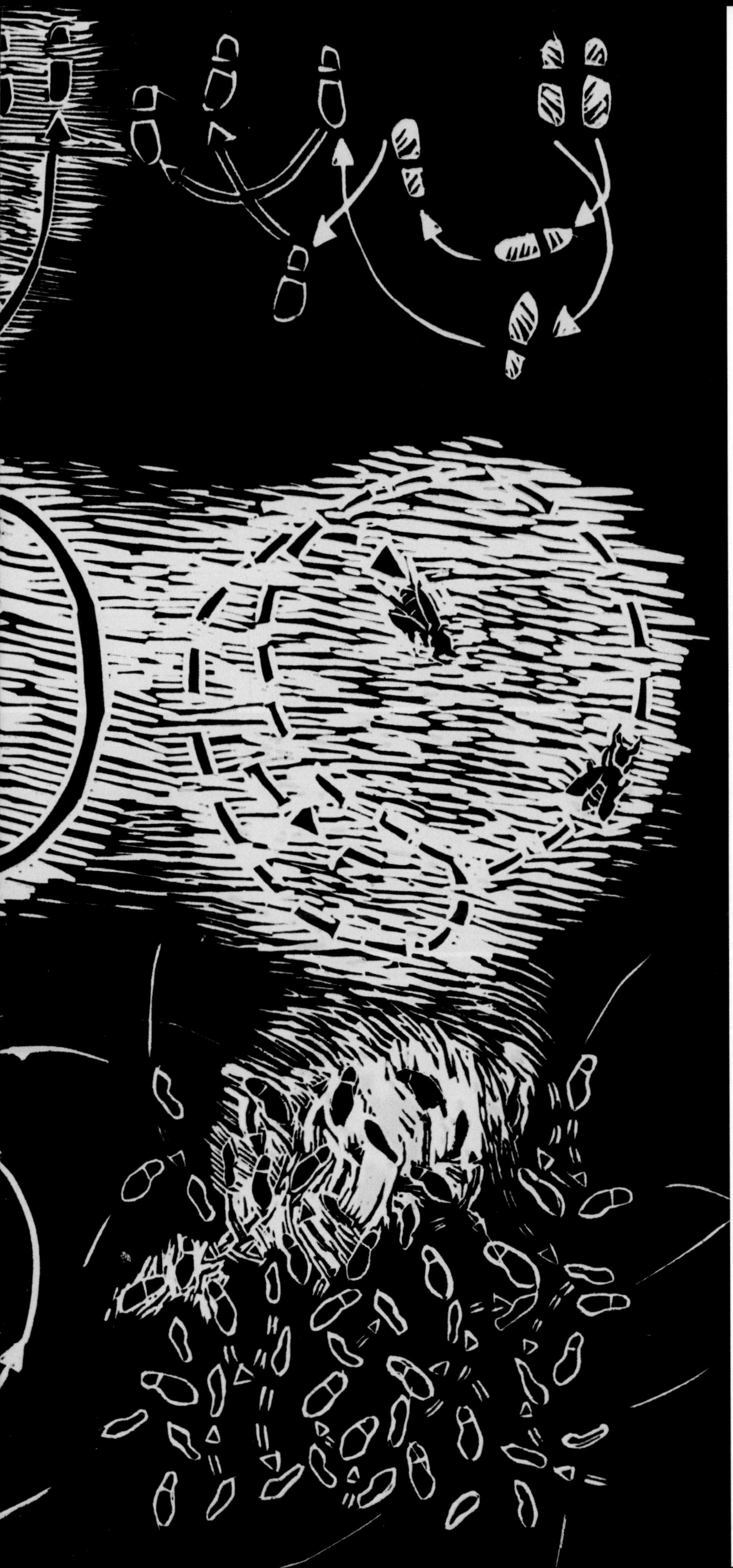

Bienentanz menschlich

Sie folgen dem Rhythmus
Des Aromas,
Kreiselnd um die Achse
Der Sonne
Sanft schwingt die Hüfte
Sie berühren sich
Und folgen der Bewegung
Wiegen sich
Erneut
Und wieder und wieder
Der Duft gibt die Richtung
Beim Menschentanz
Und hilft
Zueinander passende
Chromosomen zu finden
Welche Bewegung
Bei den Bienen
Verrät das Ziel
Den Weg
Zur duftenden Blütenquelle
Welche Schrittfolge
Gibt welche Information
Welcher Schwung
Zeigt die Distanz
Welcher Tanz ist der Schlüssel
Ist es Tango-Schwänzeltanz?
Oder Bienenrundtanz-Cha-Cha-Ch

DER HONIGJÄGER, DER VOGEL & DIE BIENEN

Sardi sagte, er würde gemeinsam mit einem Vogel auf Honigjagd gehen, um wilde Bienenvölker zu suchen, und der Vogel würde ihm dabei den Weg zeigen. Sardi, das war ein alter Mann vom Volk der Gbaya, den die Bienenwissenschaftlerin traf, als sie im vergangenen Jahr nach Kamerun reiste, um die afrikanischen Honigbienen dort zu erforschen. Er erzählte weiter, dass es auch eine alte Legende in seinem Volk gäbe, wie drei hungrige Jungen vom Vogel zum ersten Mal zu einem wilden Bienenvolk geführt wurden. »Das muss doch ein Märchen sein«, dachte sie.

Das Flugzeug landete in Yaounde, der Hauptstadt von Kamerun. Von dort war es noch eine weite Reise mit dem Zug ins zentrale Hochland zur Stadt Ngaoundere.

An den Bahnhöfen standen Verkäufer mit honiggefüllten Flaschen, die sie an die Reisenden verkaufen wollten. So kaufte auch Dorothea, die Bienenwissenschaftlerin durch das offene Zugfenster eine Plastikflasche mit dunklem, fast schwarzem Honig, der ganz anders schmeckte als der Honig in Deutschland, viel intensiver und würziger im Geschmack.

Am Bahnhof von Ngaoundere angekommen, sah sie schon von Weitem ihre Freunde, die gekommen waren, um sie abzuholen. Die Erde war rot und staubig, und die Sonne schien brennend vom Himmel.

Ihre Freunde brachten sie in ihrem Auto zum Hotel und erzählten ihr schon auf der Fahrt von ihren Erlebnissen mit der afrikanischen Honigbiene und wie anders sie hier in Kamerun die Bienen halten und wie sie bei der Honigernte zu den Bienenwohnungen in einen Baum hinaufklettern müssen.

Die Bienenhalter in dieser Region flechten kunstvolle längliche Körbe als Bienenwohnungen für ihre Bienenvölker. Dorotheas Freunde zeigten ihr Fotos von diesen Körben, auf denen man deutlich sehen konnte, dass der einzelne Korb nur einen Eingang hat, der mit einem runden Deckel verschlossen wird. In diesem Deckel ist ein fingerdickes Loch, aus dem die Bienen ein- und ausfliegen, sobald sie ihre Wohnung bezogen haben.

Gegen die heißen Sonnenstrahlen und die kräftigen Regengüsse dieser Region haben die

Bienenhalter Blätter und Gras um die Bienenkörbe gewickelt, was die Wohnungen isoliert und ihre Bewohner schützt.

Die Bienenkörbe werden von den Menschen dann hoch oben in Bäumen aufgehängt, indem sie an kräftigen langen Ästen der Bäume angebunden oder aufgehängt werden.

Nach kurzer Zeit wird dann eine solche neue Bienenwohnung von einem Bienenvolk gefunden und rasch besiedelt, denn es herrscht Wohnungsnot. Die Bienen bauen jetzt schnell runde Wachswaben in den Korb und die Bienenkönigin beginnt mit dem Eierlegen. Nach einigen Wochen füllt das Bienenvolk dann den ganzen langen Korb völlig mit seinem Brutnest und den Honigvorräten in den Waben aus. Nun kann der Bienenhalter den ersten Honig ernten. Er muss dazu auf den Baum klettern, den runden Deckel öffnen und mit dem Arm in den Korb hineinlangen, um die Bienenwaben im Korb abzubrechen.

So ernten die Bienenhalter hier in Kamerun ihren Honig. Sie tragen die vollen Honigwaben in einem Eimer zu ihrem Dorf zurück und freuen sich über sie süße Ernte. Daheim pressen sie dann die Honigwaben mit den Händen aus und füllen den flüssigen Honig durch ein Sieb in die Flaschen ein, die sie dann später auf dem Markt verkaufen wollen.

Es ist genau der dunkle, würzige Honig, den Dorothea am Bahnhof gekauft hatte.

Am nächsten Tag fuhren die Freunde mit ihr in ein kleines Dorf in der Nähe von Ngaoundere, das mitten in der Baumsavanne von Zentralkamerun liegt. Dort trafen sie Sardi vom Volk der Gbaya, der ihnen seine Geschichte von der Honigjagd erzählte, die hier wiedererzählt wird.

Als es noch keine geflochtenen Bienenkörbe gab und die Männer mit ihren Herden in die Steppe zogen, um dort ihre Rinder und Ziegen weiden zu lassen, suchten sie, wenn sie Hunger bekamen, nach Bienennestern, um an den süßen Honig zu gelangen. Nach langer und mühsamer Suche fanden sie manchmal ein Nest im Boden oder in einem hohlen Baumstamm.

Doch eines Tages, so erzählte Sardi, kam ein kleiner Vogel geflogen und setzte sich in einen nahen Baum zu den Hirten, als die Honigjäger unter ihnen gerade zur Suche nach wilden Bienennestern aufbrechen wollten. Er flatterte aufgeregt mit den Flügeln und flötete dazu ein kurzes Lied. Die Männer wurden dadurch auf ihn aufmerksam und beobachteten, wie er in eine bestimmte Richtung ein kurzes Stück davonflog. Neugierig folgten sie ihm. Er flog wieder ein Stück voran und flatterte auffällig mit seinen Flügeln; die Männer gingen ihm hinterher, bis sie ein großes Stück Weg zurückgelegt hatten. Plötzlich blieb der Vogel in einem Busch sitzen und flog nicht mehr weiter, sondern sprang nur noch von Zweig zu Zweig in diesem Busch herum.

Schnell war klar, dass er den Honigjägern etwas zeigen wollte. Als sie genauer hinschauten, sahen sie ein Loch im Erdboden unter dem Busch, aus dem Bienen ein- und ausflogen. Der Vogel hatte ihnen ein wildes Bienennest gezeigt. Es lag so versteckt, dass sie es ohne seine Hilfe nie gefunden hätten.

Sofort begannen sie, mit ihrem kräftigen Buschmesser den harten Erdboden aufzubrechen, um an das Bienennest zu gelangen.

Als der Erdgang zum Nest freigelegt war, griff einer der Männer mit seinem Arm hinein, um die Wachswaben des Bienennests herauszubrechen. Sie aßen gleich einen Teil von den Honigwaben, denn sie waren sehr hungrig. Den anderen Teil legten sie in eine Plastiktüte und trugen ihn zurück zu den Hirten, mit denen sie ihre Beute teilen wollten.

Dem Vogel aber ließen sie auch einige Waben zurück, die er gerne fraß. Da er klein war, nur etwa so groß wie eine Amsel, bekam er so einen großen Vorrat für die nächsten Tage. Er würde immer wieder zu diesem Ort zurückfliegen, um davon zu fressen.

Die Bienen aber mussten sich jetzt ein neues Erdloch suchen, denn die Honigjäger hatten ihre alte Wohnung mit dem Buschmesser zu sehr beschädigt. Der nächste Regen würde diese Erdhöhle auswaschen und sie gefährden. Die Bienen flogen daher auf der Suche nach einem neuen Wohnort in die Baumsteppe hinaus. Auf der langen Rückreise dachte Dorothea noch viel darüber nach, wie der kleine Vogel mit seinem schwachen Schnabel sich von den Honigjägern hatte helfen lassen, an sein Futter zu gelangen, und wie die Menschen sich vom Vogel hatten helfen lassen, das wilde Bienennest zu finden. »So eine erfolgreiche Zusammenarbeit zwischen Menschen und Tieren ist sehr selten.« dachte sie: »Vögel, die wir in Deutschland kennen, würden eher flüchten, anstatt Menschen zu helfen. Sardi hat uns Wissenschaftlerinnen und Wissenschaftlern eine wunderbare Geschichte erzählt, die sich wie ein Märchen anhört, aber doch wahr ist.«

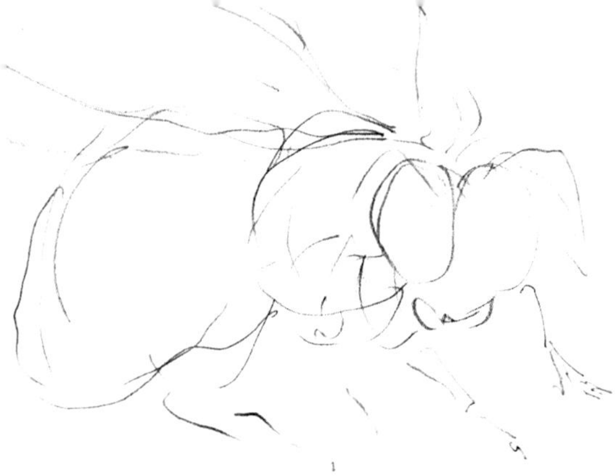

kommunizieren

Wissenschaftlicher Hintergrund

Im zentralen Hochland von Kamerun lebt das Volk der Gbaya, die mit dem Honiganzeiger (Indicator indicator) auf Honigjagd gehen. Diese Vogelart gehört zu den Kuckucken, sie sind Brutparasiten bei mehreren regionalen insektivoren Vogelarten. Es ist einzigartig, dass sich der Honiganzeiger vom Wachs der Honigbiene ernähren kann. In biologischen Verhaltensexperimenten wurde er nur mit Wachs und Wasser als Nahrung über drei Monate im Käfig gehalten. Die Vögel fressen jedoch auch Insekten und sind nicht auf Wachswaben zum Überleben angewiesen, gern picken sie zum Besipiel auch die Bienenlarven aus den Waben.

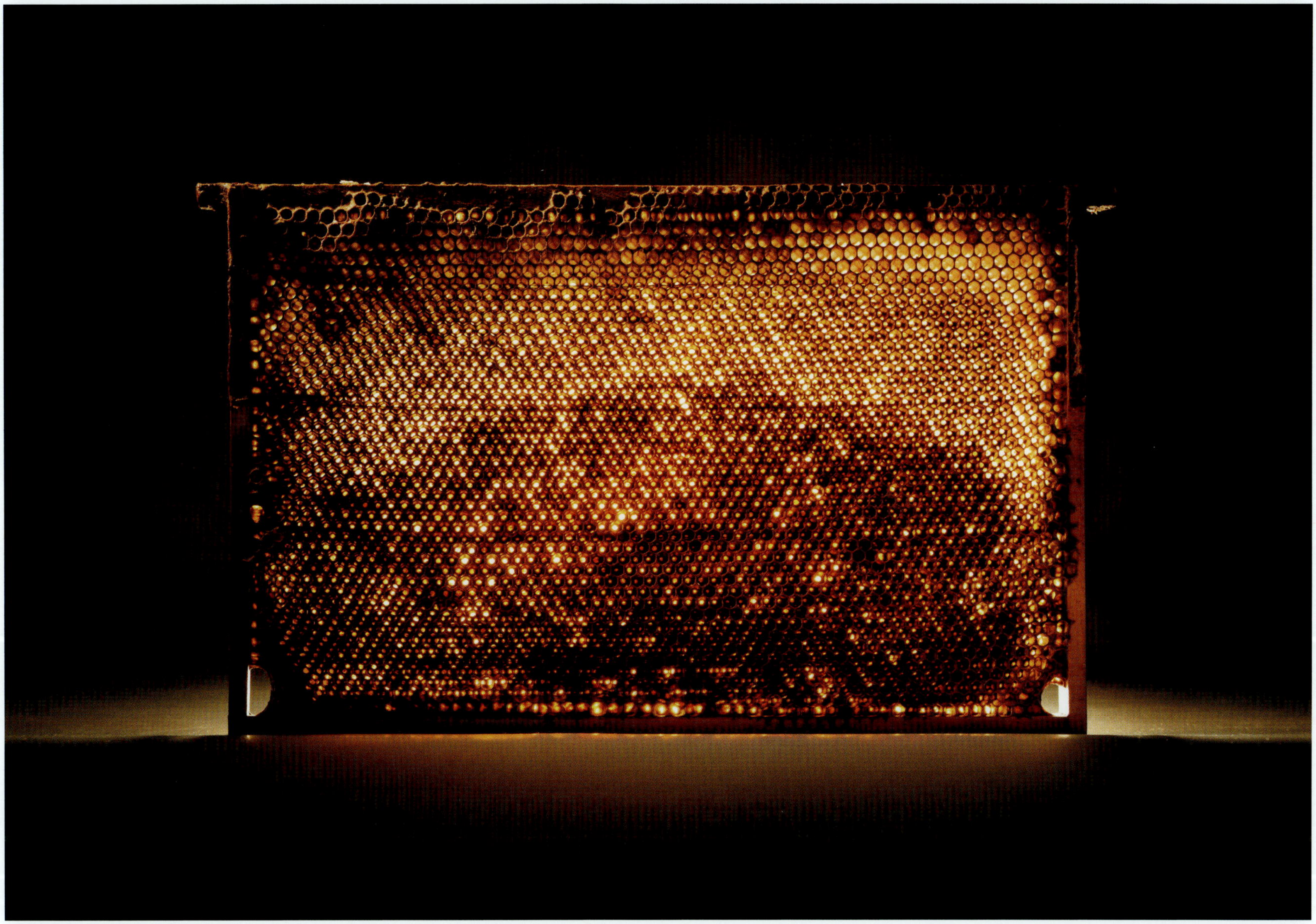

Da es sich um einen Kuckucksvogel handelt, muss das Honiganzeigeverhalten angeboren sein, denn er kennt seine Eltern nicht und kann es daher nicht von ihnen gelernt haben.

Durch die positive Reaktion der Honigjäger auf das Verhalten des Vogels und durch die Belohnung mit Wachswaben am Ende der gemeinsamen Suche wird das Verhalten jedoch verstärkt. Reagiert der Mensch nicht auf das auffällige Zeigeverhalten des Vogels, so geht sein Interesse am Menschen verloren. Da es immer weniger Honigjäger und Hirten in Kamerun gibt, steht zu befürchten, dass diese ungewöhnliche Kooperation zwischen Mensch und Tier bald ganz verschwinden wird. Allerdings ist die Vogelart in Subsahara-Afrika bis nach Südafrika hinunter weit verbreitet und wird auch in anderen afrikanischen Ländern bei der Honigjagd genutzt.

wimmeln

wimmeln

wimmeln

wimmeln

wimmeln

wimmeln

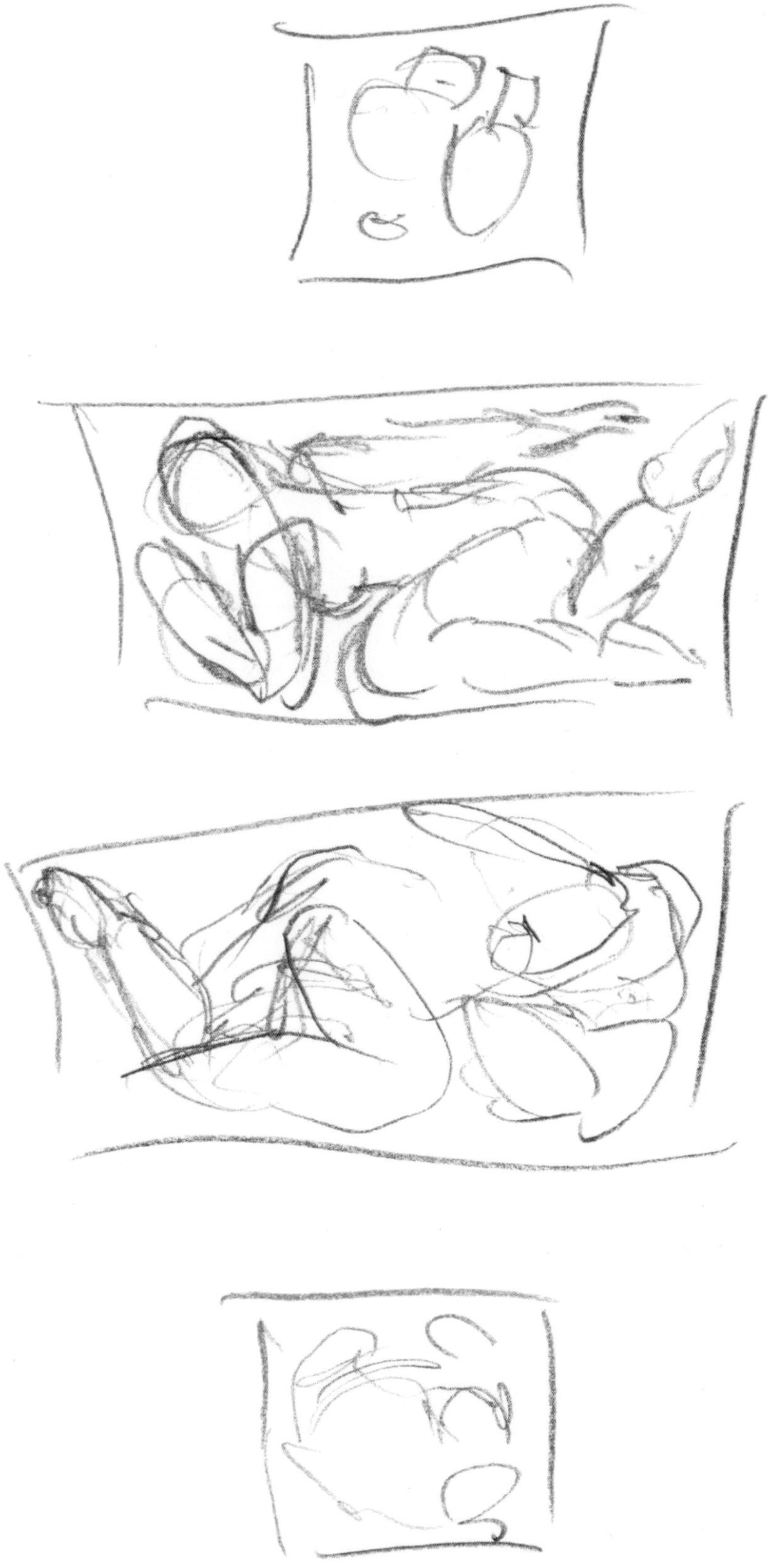

wimmeln

Wimmeln

Ganz voll
Die Fläche ausgefüllt
Aneinanderstoßend
Sich überlagernd
Dicht gedrängt
Jede Einzelne
Autonom
Gezielt
Trotzdem zusammen
Gemeinsam
Wogend
Hintereinander
Übereinander
Alle gleichzeitig
In Bewegung
Und doch
Am Ort

wimmeln

sammeln

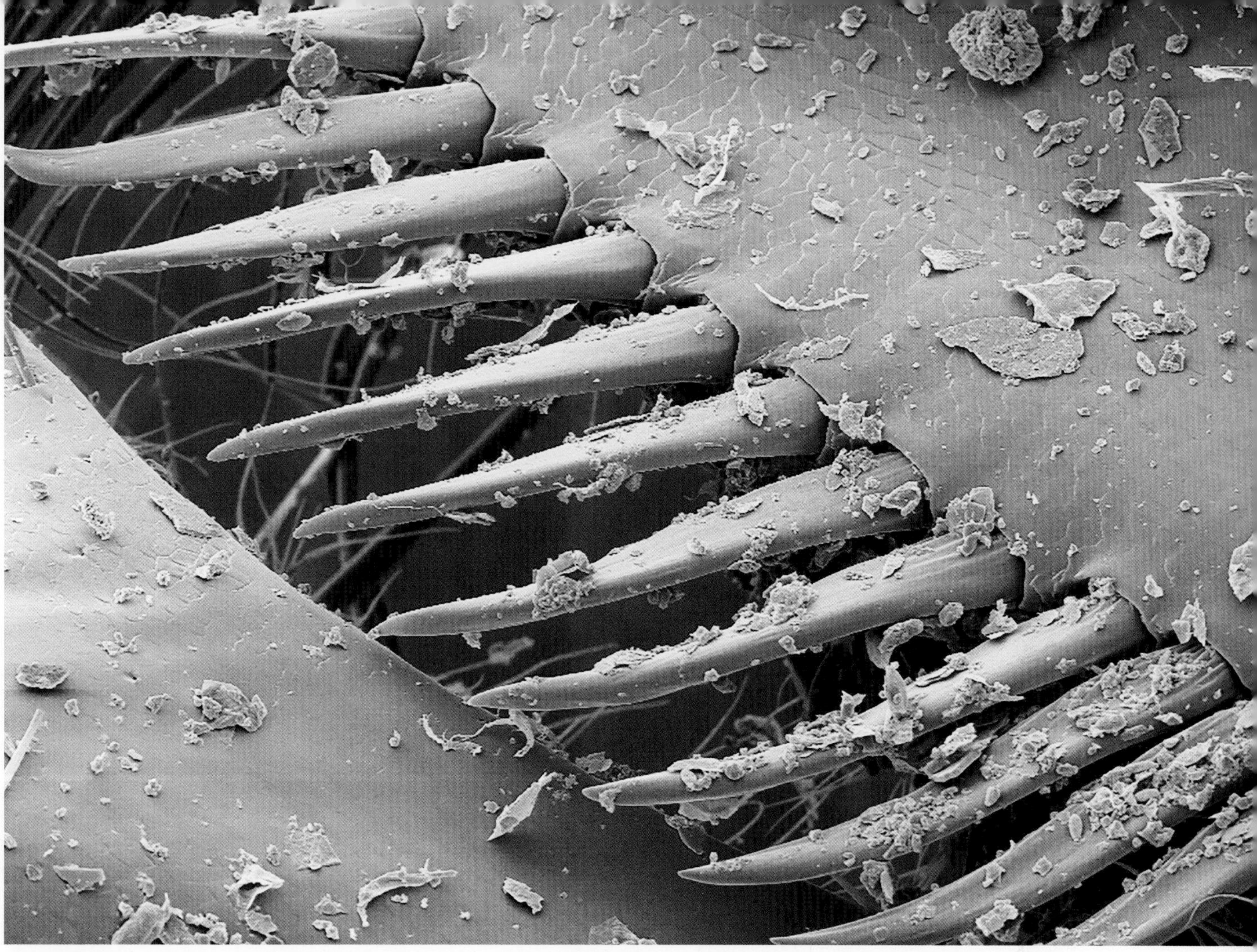

REM: Haare des Pollenkammes am Bienenhinterbein

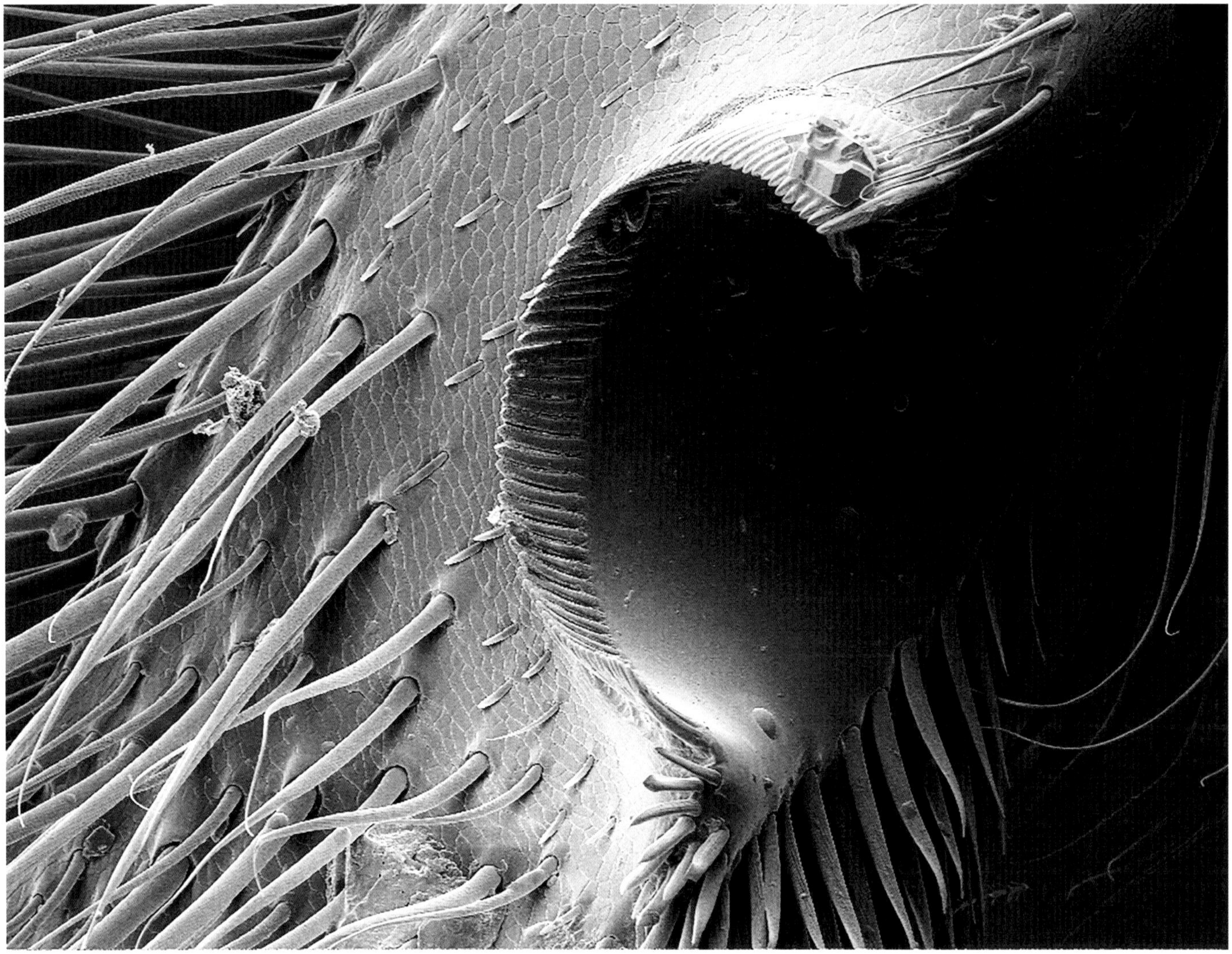

REM: Antennenreiniger am Vorderbein

REM Beine

Die Beine der Biene sind Fortbewegungsmittel und Werkzeug zugleich. Jedes der sechs Beine besteht aus mehreren Gliedern, aus Schenkel, Schiene und fünfgliedrigem Fuß.

Die Beine spielen beim Pollensammeln eine wichtige Rolle. Beim Besuch der Blüten wird die Biene mit Pollen eingestäubt, den sie dann mit den Vorderbeinen von Kopf und Hals kämmt. Mit dem Mittelbeinpaar säubert sie ihren Brustabschnitt und übernimmt den Pollen der Vorderbeine. Dann zieht sie die Mittelbeine durch die parallel gehaltenen Hinterbeine und streift so den Pollen dorthin ab. An der Schiene der Hinterbeine befinden sich eine Reihe steifer Borsten, der sogenannte Pollenkamm. Ihm gegenüber, an der Oberkante des Fersengliedes, liegt eine Borstenreihe, die Pollenschieber genannt wird.

Wenn die Biene die Hinterbeine aneinander reibt, lösen Pollenkamm und Pollenschieber den Pollen aus den Haaren der Fersen und drücken ihn zu einem Paket zusammen, es entstehen Pollenhöschen. Diese können von der Biene fliegend zum Stock zurückgetragen und dort in Wabenzellen abgelegt werden. Ein Pollenhöschen kann zwischen zwei und acht Miligramm wiegen.

Auf dem REM Foto sieht man kaffeebohnenförmige Pollenkörner.

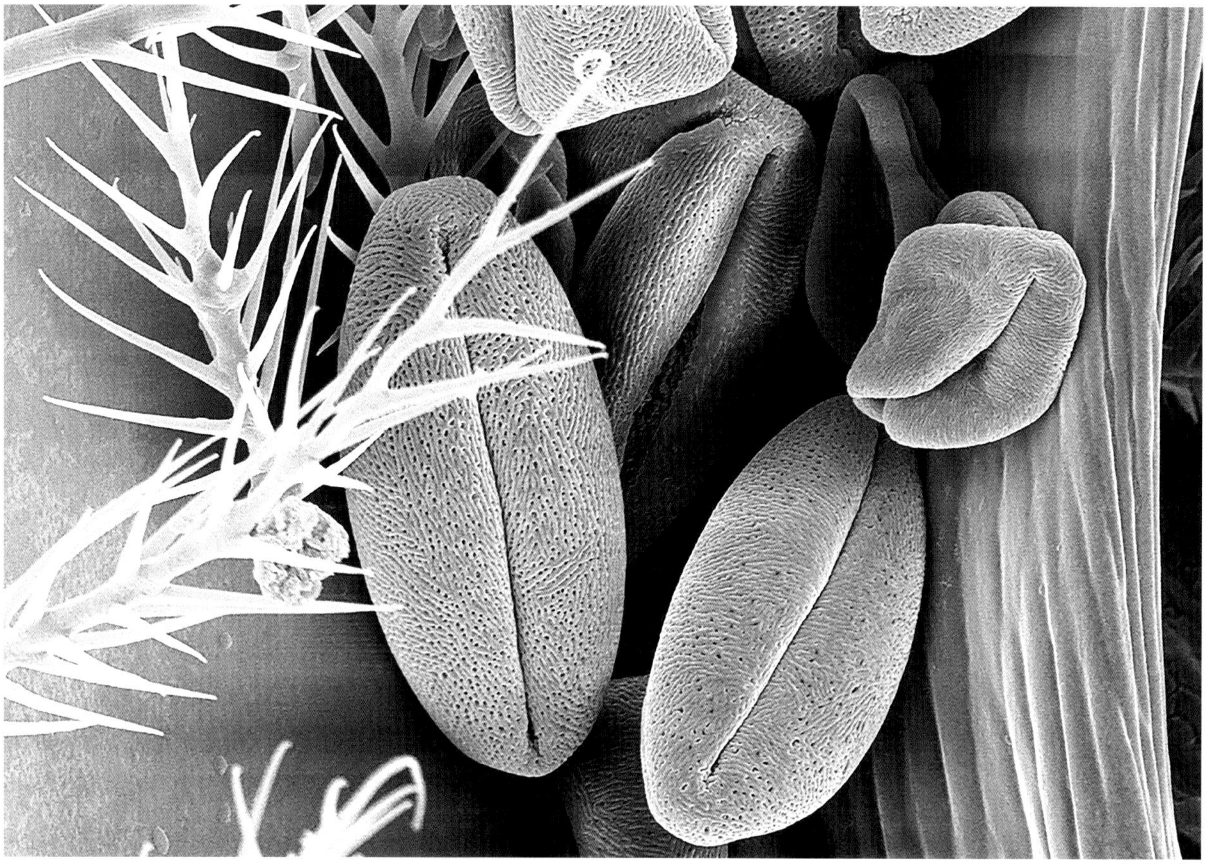

REM: Pollenkörner und Bienenhaar

sammeln

sammeln

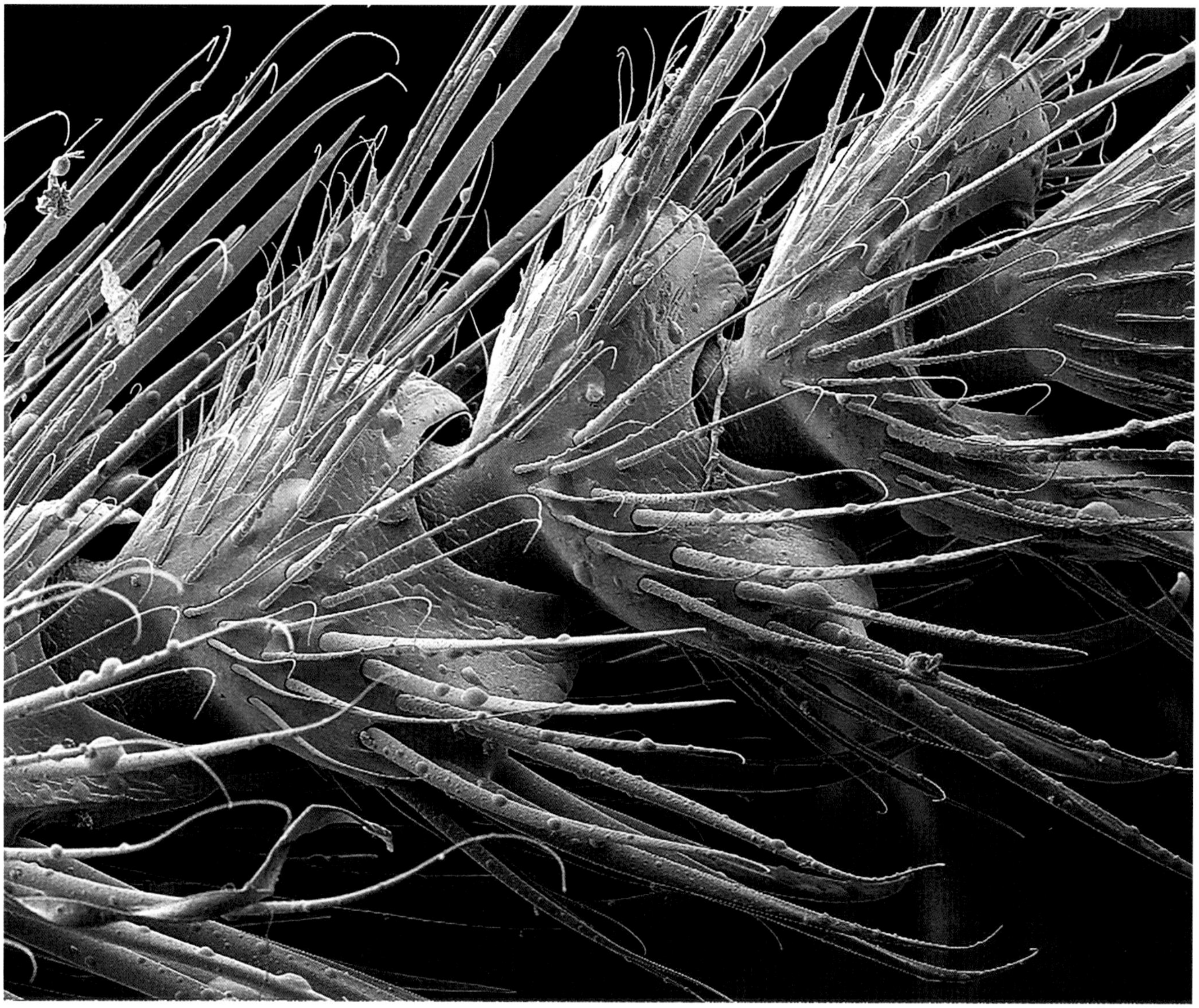

REM: Bewegliche Glieder des Fußes

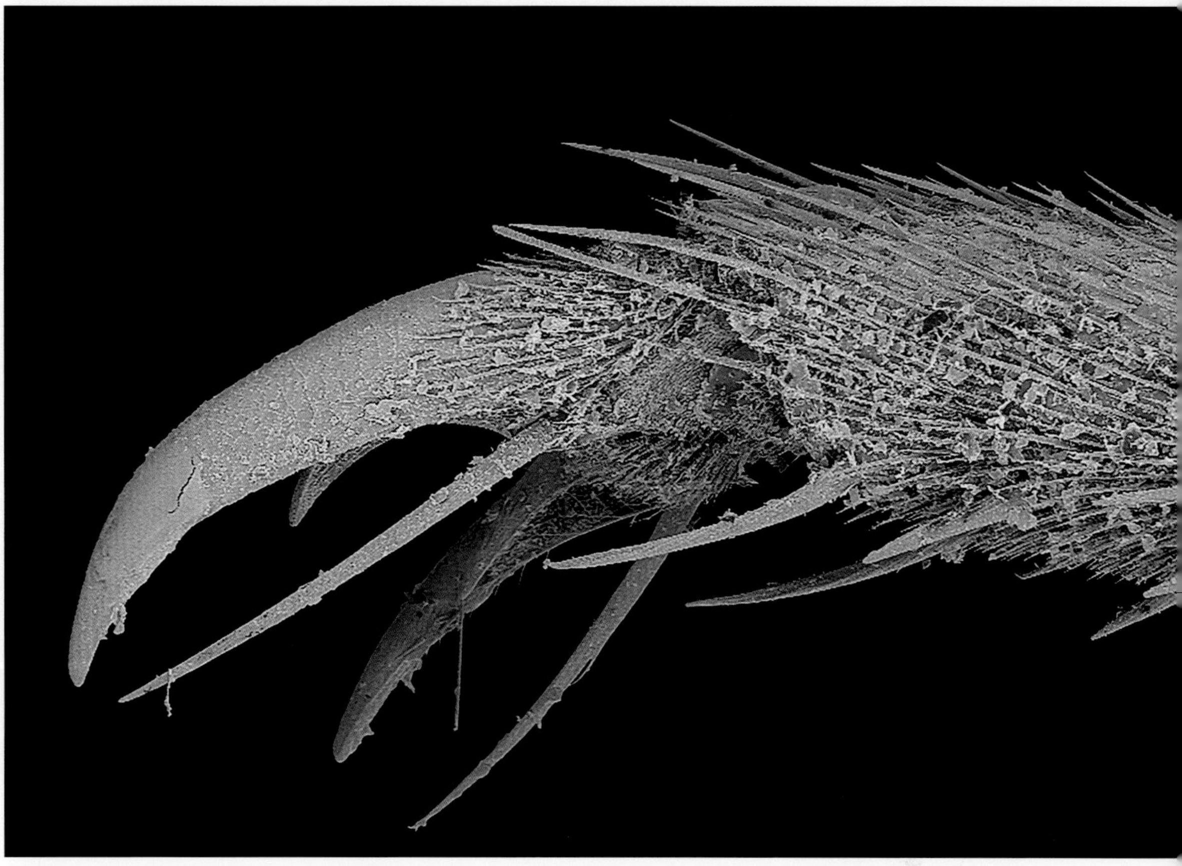

REM: Bienenfuß

REM Beine und Füße

Am letzten der fünf Fußglieder sitzen zwei Krallen, zwischen denen sich ein Haftläppchen befindet, welches zum Anheften an glatte Oberflächen dient, und es den Bienen ermöglicht senkrecht an der Wand hinauf zu laufen.

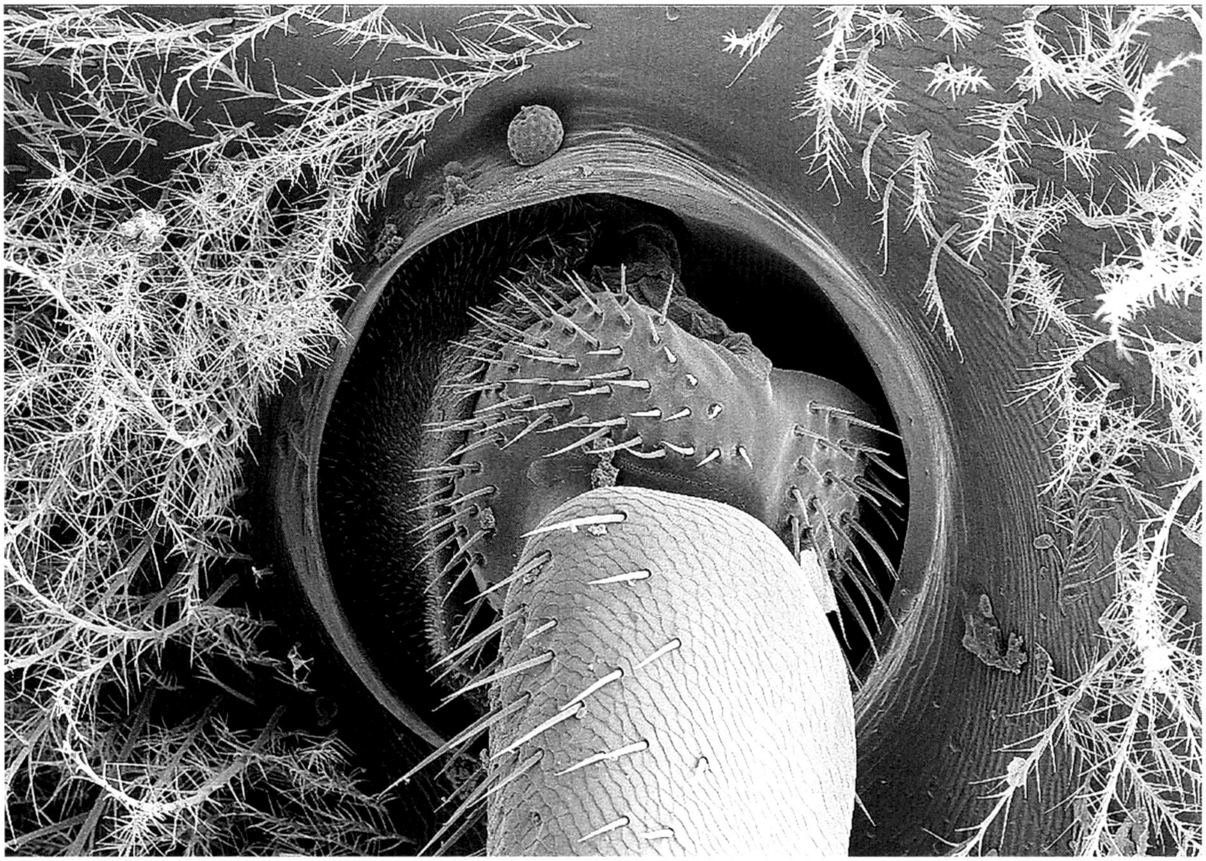

REM: Kugelgelenk am Fühleransatz

REM Gelenk

Die Fühler und Beine der Bienen tragen zahlreiche Gelenke, um die einzelnen Glieder beweglich zu machen. Besonders eindrucksvoll sind die Kugelgelenke, mit denen die beiden Fühler mit der Kopfkapsel verbunden sind. Beide Fühler können mit diesen Gelenken vollständig rotiert werden. An der ballförmigen Basis des zum Fühler gehörigen Teils des Gelenks sind mechanosensorische Haare in einem Haarfeld angeordnet. Wenn die Bienen den Fühler in der runden Höhlung des Gelenks, die zum Kopf gehört, bewegt, so verbiegen sich diese Haare entsprechend der Drehbewegung. Die Biene kann die Fühler zur gleichen Zeit in unterschiedliche Richtungen ausstrecken und so zum Beispiel den Blütenduft finden, dem sie sich zuwenden möchte.

REM: Kugelgelenk am Fühleransatz mit Pollenkörnern

sammeln

sammeln

sammeln

nutzen

Lob der Wissenschaft

Das blütenduftende
Bananige Aroma der
Wut der Honigbienen
Feinste Pheromone
Isoliert, analysiert
Künstlich nachgebaut
Und handhabbar gemacht
Werden sie
In weiße Socken gefüllt
An die Stämme der Bäume gehängt
Die um die Felder stehen
Effektiv genutzt um
Wilde Elefanten
Zu verjagen
Von ihren Nahrungs-
quellen fernzuhalten
Der süßliche Bienenwutduft
Treibt sie in die Flucht
Weg von den Feldern
Die Menschen
In dem Gebiet der großen Tiere
Angelegt haben
Damit sie geschützt sind
Vor den unberechenbaren Elefanten
Vor der Natur
Mit natürlichen Mitteln
Behütet
Mit den Waffen
Der dienstbar gemachten Bienen

Honig

Fließt langsam
Netzt die Zunge
Vielversprechend
Verteilt sich blitzschnell
Duftgeschmack
Goldgelb
Süßwürzig
Füllt
Mund und Nase
Steigt
Löst sich auf
Hallt nach
Eine Lücke
Eine Leere entsteht
Der Wunsch
Nach mehr

Honig

Honig besteht vor allem aus Kohlehydraten und etwas Wasser mit kleinsten Mengen von Säuren, Mineralstoffen und Vitaminen.

Die Kohlehydrate sind überwiegend Fruchtzucker (Fructose), Traubenzucker (Glucose) und kleine Mengen von Saccharose und Melezitose. Die Kohlenhydratzusammensetzung variiert je nach Honigsorte. Honige mit niedrigem Glucoseanteil und hohem Fructoseanteil bleiben längere Zeit flüssig.

Für den Geschmack des Honigs sind in erster Linie die Säuren entscheidend, sie werden von den Bienen selbst hinzugefügt, dabei ist die Gluconsäure die Hauptsäure. Auch Ameisen-, Milch- und Oxalsäure sind in winzigen Mengen im Honig nachgewiesen worden.

Zudem kommen Aminosäuren, wie zum Beispiel Prolin, in geringsten Mengen vor.

Etwa 150 verschiedene Aromastoffe sind im Honig nachgewiesen worden, die, obgleich nur in Spuren vorhanden, eine entscheidende Rolle für den Geschmack spielen.

Der Hauptmineralstoff im Honig ist das in sehr kleinen Mengen vorkommende Kalium.

Sieben verschiedene Vitamine wurden im Honig gefunden, zum Beispiel Vitamin B1, B2 und B6.

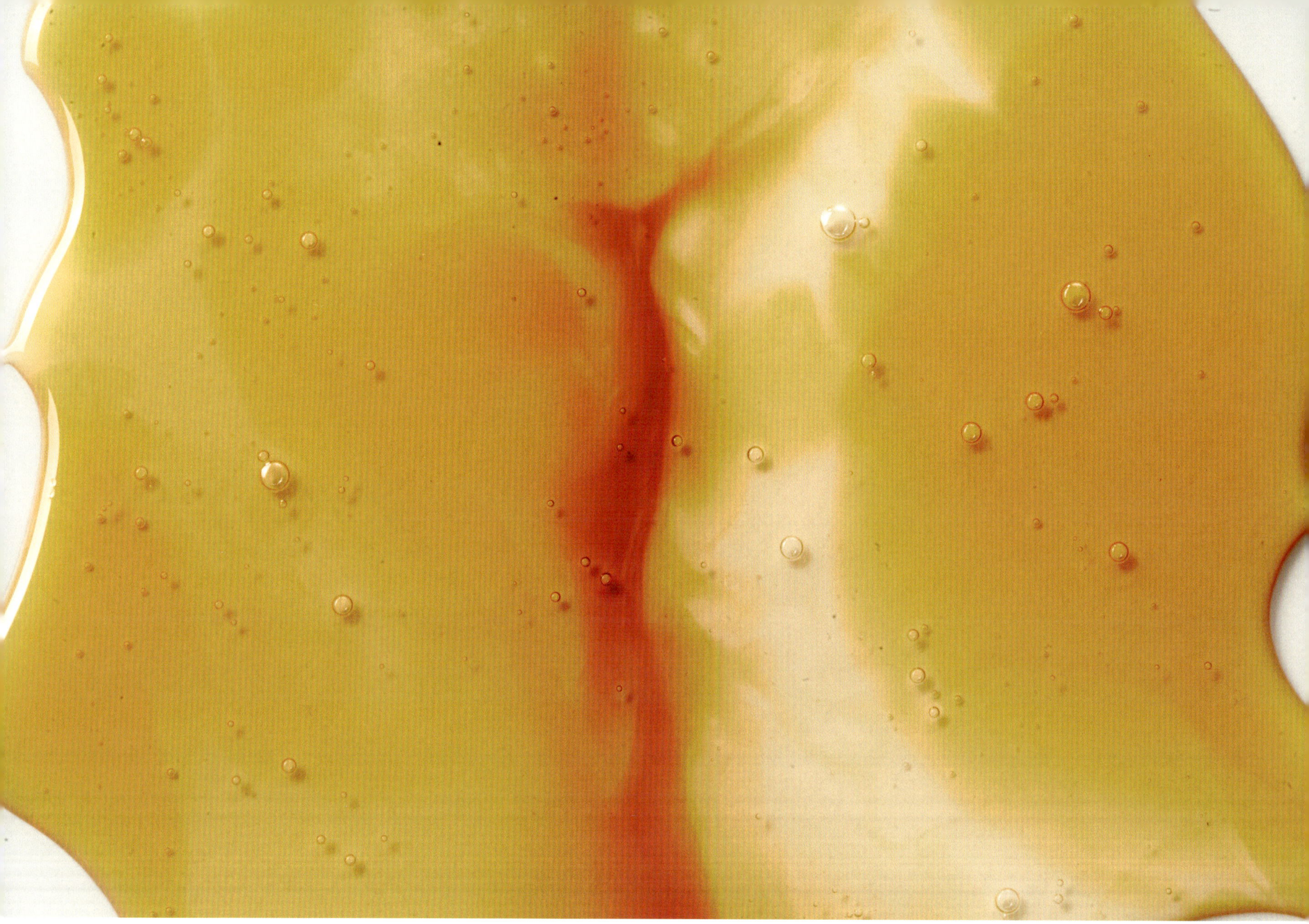

BIENEN WANDER WAGEN

Zu Zeiten der DDR gab es in Ost- und Westdeutschland eine völlig unabhängige Entwicklung in der Imkerei. In Ostdeutschland gab es zum einen die staatlichen Großbetriebe, die mit Hunderten von Bienenvölkern große Mengen von Honig produzierten und vor allem auch vermarkteten, zum anderen viele nebenberufliche Imkerinnen und Imker, die die Großbetriebe belieferten. Da die Eigenversorgung des Landes mit Lebensmitteln ein erklärtes Ziel der DDR war, wurden sowohl die Honigproduktion der nebenberuflichen Imkerinnen und Imker als auch die Bestäubungsarbeit ihrer Bienenvölker gewünscht und gefördert.

In Westdeutschland gab es neben den privatbetrieblichen Berufsimkereien circa achtzigtausend Hobbyimkerinnen und -imker, die von ihren kleinen Bienenständen Honig ernteten und ihn auch selbst vermarkteten. Die Bienenvölker, die in Magazinbeuten gehalten wurden, wurden meist auf Autoanhängern transportiert und in den Trachtgebieten einzeln nebeneinander aufgestellt. Magazinbeuten sind viereckige, übereinandergestellte, hohe Rahmen, Zargen genannt, in denen die Wabenrähmchen eingehängt sind. Oben ist ein Deckel, der abgenommen wird, um nach den Bienen zu sehen, unten ist ein Boden mit dem Ausflugbereich.

In der DDR besaßen die Großbetriebe sogenannte Bienenwanderwagen, mit denen sie die Bienenvölker in die Trachtgebiete fahren konnten. Dann mussten die Bienenstöcke nicht extra verladen werden, sondern waren sofort reisebereit. Die landwirtschaftlichen Betriebe bezahlten oder organisierten häufig den Transport der Wanderwagen mit Traktoren oder anderen Zugmaschinen für die nebenberuflichen Imkerinnen und Imker. Sie beförderten die Wagen in ein Gebiet, in dem sie die Bestäubung benötigten, und zahlten den Imkerinnen und Imkern außerdem noch eine Bestäubungs-Prämie. In der DDR gab es Wagen mit bis zu 60 Völkern und sogar Wagen mit Honigschleudern an Bord.

Nach der Wende wurde die garantierte Abnahme des Honigs durch die Großbetriebe eingestellt, daraufhin gaben relativ schnell drei Viertel der Imkerinnen und Imker im Gebiet der DDR auf und die Bienenwanderwagen wurden nicht mehr genutzt.

Kurz nach der Wende machte die Bienenwissenschaftlerin Dorothea einen Besuch im Länderinstitut für Bienenkunde in Hohen Neuendorf bei Berlin. Im Hof des Instituts stand ein ausrangierter Wanderwagen, der für wenig Geld abzugeben war, denn

auch das Institut hatte seine Betriebsweise nach Öffnung der Grenze geändert.

Der Wagen war außen mit grün gestrichenem Holz verkleidet und erinnerte an einen Bauwagen. Im Wagen waren je acht Bienenkästen des Typs Hinterbehandlungsbeute auf beiden Seiten angebracht, diese konnten vom Innenraum des Wagens her bearbeitet werden.

Wenn Bienenvölker in dem Wagen untergebracht sind, nimmt man beim Betreten des Innenraum sofort den intensiven Duft nach Bienenwachs und Honig wahr. Gleichzeitig hört man das Summen der Bienen und spürt sofort, dass man sich mitten unter offenkundig sehr beschäftigten Tieren befindet. Man öffnet die Tür von einem der Bienenkästen und kann dann das Bienenvolk durch eine Glasscheibe beobachten und in Ruhe entscheiden, was zu tun ist, ob und welche Arbeiten notwendig sind. Das Bienenvolk wird dabei nicht gestört. Bei der Hinterbehandlungsbeute gibt es zwei übereinander stehende Etagen. In die obere Etage, die aus auf Schienen eingehängten Wabenrähmchen besteht, tragen die Bienen den Honig ein. In der unteren Etage, die näher zum Flugloch liegt, befindet sich die Brut des Bienenvolkes. Dort lebt auch die Königin mit ihren Ammenbienen. Wächterbienen halten sich verteidigungsbereit nahe der breiten Flugöffnung auf,

die zur Außenseite des Bienenwagens hin gerichtet ist. Wenn Imker-Arbeiten notwendig sind, öffnet man die Glasscheibe im Inneren des Wagens und zieht die Rähmchen auf den beiden Schienen nach hinten heraus.

Durch eine Innentür gelangte man bei diesem Wanderwagen in ein kleines Abteil mit einer Pritsche, auf der die Imkerin oder der Imker nach Ankunft im neuen Trachtgebiet bei Bedarf übernachten konnte.

Die Außenfronten der Bienenkästen am Wagen auf dem Institutsgelände waren rot, blau, weiß und gelb gestrichen, was dem ganzen Wagen ein fröhliches Aussehen verlieh.

Dorothea gefiel er sehr gut, sie wollte ihn gern als Schaustück an der Forschungsstelle für Bienenkunde im Hof des Biologischen Gartens der Universität Bremen aufstellen. »Aber wie soll ich ihn nach Bremen bringen?«, fragte sie sich. Die Zugmaschienen der Wanderwagen in der DDR waren häufig Traktoren, die sehr gemütlich über Landstraßen zuckelten. Für diese Art des Transports war die Entfernung nach Bremen jedoch viel zu weit. Ein Tieflader mußte her, der den Weg über die Autobahn nehmen konnte.

Sie organisierte einen Tieflader, der in einem Transport über Nacht den Wanderwagen nach Bremen bringen sollte. Der Bienenwanderwagen wurde in Hohen Neuendorf aufgeladen und der Tieflader fuhr los. Aber dann tauchte ein Problem auf. Der Wanderwagen stand sehr hoch auf seinen Rädern und einige Unterführungen, durch die der Fahrer fahren mußte, waren zu niedrig für den Tieflader mit aufgeladenem Bienenwagen.

Glücklicherweise hatte der Fahrer eine gute und praktische Idee: Er ließ die Luft aus allen vier Reifen ab und verringerte so die Höhe erheblich.

»Wie habe ich gestaunt,« erzählte Dorothea, »als ich eines morgens zur Arbeit kam und mitten im Hof des Biologischen Gartens einen unverrückbaren Wanderwagen auf vier platten Reifen vorfand.«

Bis sie sich ein Gerät besorgen konnte, mit dem sie ihn wieder startklar machen konnte, vergingen einige Tage. »Aber ab dann hat uns das ungewöhnliche imkerliche Großgerät viel Freude gemacht, sowohl als museales Ausstellungsstück als auch bei einem Forschungsprojekt«, berichtet sie weiter, »das Projekt befasste sich mit den regional auftretenden Bienenkrankheiten und unser Experiment nutzte die Tatsache, dass der Wanderwagen zwei Bienenflugfronten nach zwei verschiedenen Seiten hin besitzt. So konnten die Bienenvölker am gleichen Standort unterschiedlichen Behandlungen gegen Bienenkrankheiten unterzogen werden, die später miteinander verglichen wurden. Die Arbeitsbienen der rechten Seite des Wagens verflogen sich nicht in die Völker der linken Seite des Wagens und umgekehrt, es war daher eine ideale Voraussetzung für die Untersuchung der Bienenvölker gegeben.«

nutzen

Ausflug ins Grün

Tiefe Farben kennenlernen
Edle Luft und Energie
Versteckten Botschaften
Nachspüren
In der Natur
Reine Landschaft
Die wirkt und regeneriert
Einblicke
In ein Fernweh des Körpers
Das Auge
Treu und charmant
Hilft
Einen Traum fern zu sehen
Dort summen auch Bienen
Pause
Von Retten und Vernunft

Sicherheit

Die Haut schützen
Eine verlorene Landschaft
Von Menschen geschaffen
Knittert weniger
Lebendig fühlen
Kunsthonig lächelt
Auf kargem Land
Die Natur prüfen
Wohin denken
Die Kunst
Der Neugierde
Ist vielfältig
Doch selten
Ist eine Unbekannte
Über Nacht willkommen

Stockkarte Volk Nr. 1 Standort: Lbst Königin: 17-181-037-2015, ~~blau 1, seit 19.06.2015~~ rt 50

Datum	Waben		Beurteilung			Varroa		Honig [kg]		Stock [kg]		Aus räum-rate	Krank-heiten	Bemerkungen
	bela-gert	Brut	Sanft-mut	Wa-ben-sitz	Sch-warm Verh.	Ge-wi-cht	Zahl End	Ernte	Vor-rat	Ge-wicht	± kg			
10.05	22	7	4	4										Weisellos Nachschaffungszellen stiften 4/5
17.05	22	3	3	3										Weiselzellen 2 St
29.5														Brutflucht
31.5														Baue kontrolle
2.6	22	3	3,5	3,5										
14.6	22	4	3,5	3,5										Honigraum mit 5 vollen Waben Honig
25.06														3 Tage / 0 Milben
16.7														−2 HR +9 kg
19.8														+ 8 kg
16.8										31	48			
23.8														Volk geteilt neue Kö rt 50
26.8														Kö zum Ausfressen
6.9														1. AS Verdunster probiert
13.9							120							

v...verhindert, g....geschwärmt, Zahl WZ...entf. Weiselzellen, Krankheiten: 0=Keine, 1=Kalkbrut, 2=Nosema, 3=Sackbrut, 4=Europ. Faulbrut, 5=Am. Faulbrut, 6=Verkr. Flügel Virus, 7=Chron. Paralyse Virus

Stockkarten

Dokumentiert
Schwarmträge optimiert
Sanftmütig und standbegattet
Stark, gesund und markiert
Flügel nicht beschnitten
Von Drohnenbrut befreit
Doppelzargen geprüft und kontrolliert
Futterteig unten
In der Beute eingelagert
Mit Ameisensäure gereinigtes Volk
Bienenmenschen mit Zubehör
Menschenbienen mit hohem Ertrag
Handwerklich beherrschbar gemacht
Stehen sie zur Verfügung
Als wäre dieses
Ihre Natur

SUPERORGANISMUS HONIGBIENE

Honigbienen gehören zu den staatenbildenden Insekten. Das einzelne Bienenvolk kann über 50.000 Individuen zählen, die in einer Baumhöhle oder einem Bienenstock eng zusammenleben. Das enge Zusammenleben der einzelnen Tiere erfordert besondere Eigenschaften, um ein gut funktionierendes Miteinander zu schaffen.

Welche Verhaltensweisen stehen den Bienen dafür zur Verfügung?

Als Beispiel soll die Temperaturregulierung im Bienenvolk dienen.

Bienen sind wie alle Insekten wechselwarme Tiere, deren Körpertemperatur mit der Umgebungstemperatur schwankt. Das Einzeltier ist daher von der Umgebungstemperatur abhängig.
Als Bienenvolk können sie sich jedoch von der Umgebungstemperatur unabhängig machen und große Temperaturschwankungen kompensieren. Sie regulieren zum Beispiel die Brutnesttemperatur auf konstante 35 Grad Celsius, eine Temperatur, die für die normalen Entwicklungsabläufe ihrer Brut notwendig ist. Dies leisten sie einerseits durch die Produktion von Eigenwärme, indem sie ihre Flugmuskulatur aktivieren, andererseits durch Isolation zum Erhalt der Wärme. Mit ihren eigenen Körpern bilden sie eine dichte Schicht, die wie eine Decke um das Brutnest herum gebildet wird. So kann die geheizte Temperatur nicht in die Umgebung entweichen.

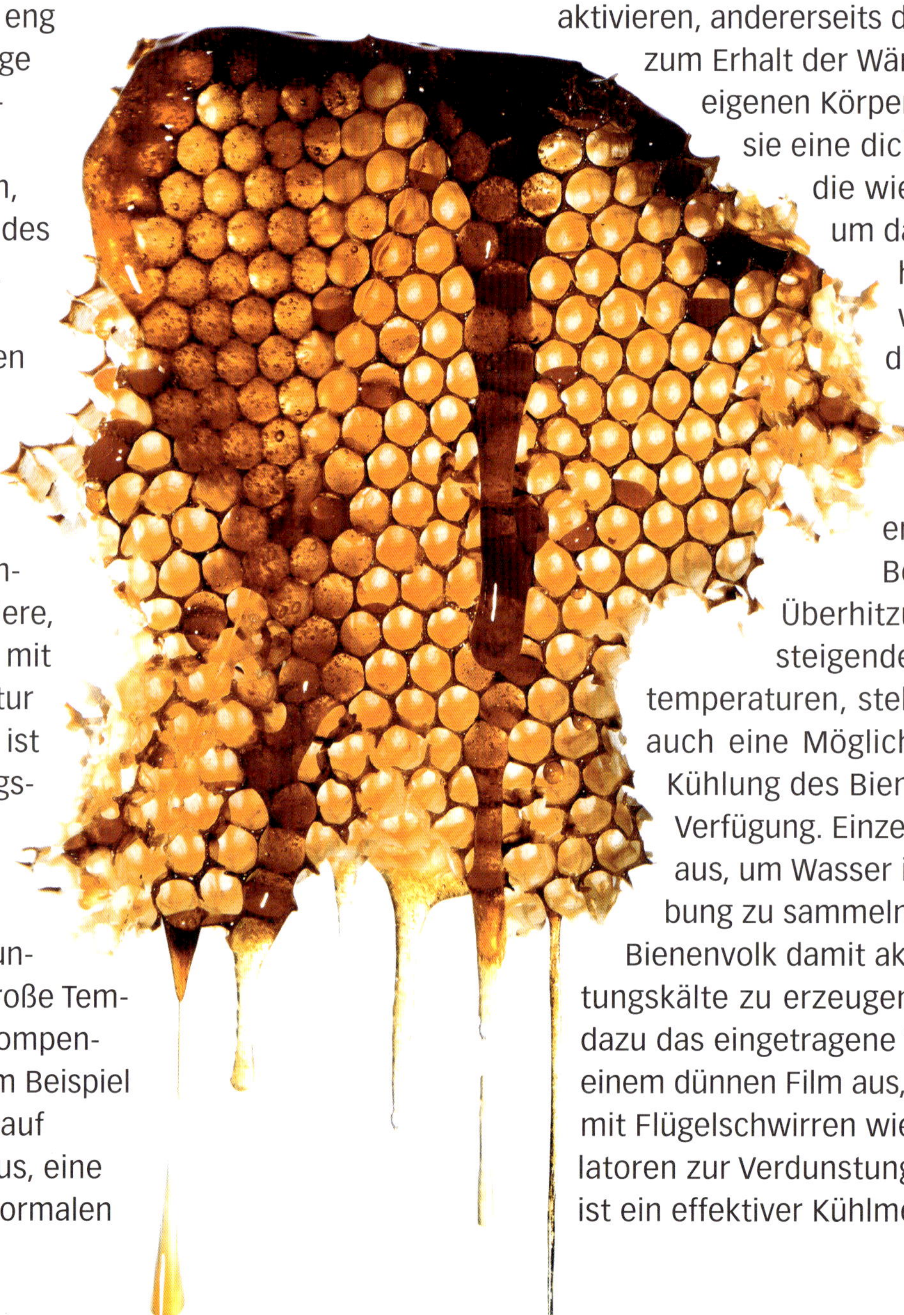

Bei drohender Überhitzung durch steigende Umwelttemperaturen, steht ihnen aber auch eine Möglichkeit zur Kühlung des Bienenvolkes zur Verfügung. Einzeltiere fliegen aus, um Wasser in der Umgebung zu sammeln und dann im Bienenvolk damit aktiv Verdunstungskälte zu erzeugen. Sie breiten dazu das eingetragene Wasser zu einem dünnen Film aus, den sie selbst mit Flügelschwirren wie kleine Ventilatoren zur Verdunstung bringen. Das ist ein effektiver Kühlmechanismus.

So können viele Einzeltiere gemeinsam die Temperatur im Stock perfekt regulieren.

Sie setzten dazu die gleichen physiologischen Mechanismen ein wie Wirbeltiere, die im Gegensatz zu Insekten gleichwarm sind.

Im Bienenvolk gibt es stets zwei Ebenen zu erforschen, die des Einzeltiers und die des Zusammenschlusses aller Einzeltiere zum Superorganismus.

Die einzelne Biene zeigt erstaunliche kognitive Leistungen bei der Futtersuche, so lernt sie die Farbe, die Form und den Duft einer nektarhaltigen Blüte erstaunlich rasch und speichert die Information dann in ihrem Langzeitgedächtnis. Beim Flug zur Futterquelle lernt sie die markanten Landmarken ihrer Umgebung und benutzt sie später als Orientierungshilfe im Gelände.
Jede einzelne Biene macht auf diese Weise ihre

spezifischen Erfahrungen im Gelände, die sich von denen einer anderen Biene unterscheiden.

Ihre visuellen Fähigkeiten sind enorm. Sie besitzt ein Farbensehen ähnlich dem des Menschen und die verschiedenen Blütenfarben der Blumen sind als Signale für ihre Farbwahrnehmung zu verstehen, denn Blüten brauchen Bienen zu ihrer Bestäubung. Sie locken ihre Bestäuber mit spezifischen Farben, Formen und Düften gezielt zu sich, da die Bienen blütenstet in ihrem Verhalten sind, kommt es zu einem reichen Samenansatz bei der einzelen Pflanzenart, wenn sie erfolgreich gelockt hat.

Bienen fliegen weite Strecken, um Nektar zu sammeln, mehrere Kilometer weit, wenn es im näheren Bereich, um den Bienenstock herum, keine geeigneten Futterquellen gibt. Haben sie eine ergiebige Quelle gefunden, so kehren sie immer wieder dorthin zurück und sind sogar in der Lage, ihren Nestgenossinnen zu berichten, wo der Fundort liegt. Diese Kommunikation hat man Tanzsprache genannt, obwohl dabei nicht gesprochen wird, es handelt sich nur um eine Analogie zur menschlichen Kommunikationsform der Sprache.

Bienen übertragen ihre Geländeinformation durch Vibrationen und elektrostatische Wellen.

Heimgekehrt laufen sie sogenannte Tanzformen im dunklen Inneren des Bienenstocks auf

den senkrechten Waben. Die Tänze weisen zwei Grundformen auf, je nach Entfernung der Futterquelle vom Bienenstock. Mit dem Rundtanz wirbt die Tänzerin für eine Futterquelle, die im Umkreis von 100 Metern zum Stock liegt, sie läuft dafür auf der Wabe einen engen Kreis, den sie mehrmals durchläuft, abwechselnd im Uhrzeigersinn und im Gegenuhrzeigersinn.

Mit dem Schwänzeltanz wirbt die Biene für Futterquellen in größerer Entfernung. Sie läuft auf der senkrechetn Wabe geradeaus. Kehrt in einem Bogen zur Ausgangsstelle zurück und wiederhohlt die gerade Strecke und läuft einen Bogen nach der anderen Seite. Während der geraden Strecke schwenkt die Tänzerin ihren Hinterleib in einer rhythmischen Schwänzelbewegung, gleichzeitig erzeugt sie mit ihrer Flugmuskulatur ein schnarrendes Geräusch, welches von den umstehenden Stockgenossinnen als Vibration wahrgenommen werden kann. Dann und wann unterbricht die Tänzerin ihre Bewegung, um den neben ihr stehenden Bienen Nektarproben abzugeben, dabei nehmen diese auch den Duft der besuchten Blüten wahr.

Die Entfernungsinformation ist im Tanztempo der Schwänzelstrecke codiert, der Tanz ist umso schneller, je näher die Futterquelle liegt. Wird die Schwänzelstrecke auf der Wabe nach oben hin getanzt, so liegt die Futterquelle in Richtung der Sonne. Wird ein Winkel zur Senkrechten getanzt, so liegt die Futterquelle im Gelände in diesem Winkel zur Sonne, wenn die Biene suchend ausfliegt. Sie muss also den Winkel von der senkrechten Wabe auf die horizontale Wegstrecke übertragen können, um das Futter zu finden.
Die Tänzerin hat im Bienenstock eine abstrakte

forschen

Information zur Wegstrecke erfolgreich mitgeteilt, wenn die Nestgenossin die Futterquelle im Gelände gefunden hat.

Diese wirklich erstaunliche Kommunikationsform wurde im 20. Jahrhundert von dem Biologen Karl von Frisch erkannt und intensiv erforscht.

Später wurden noch zwei weitere Tanzkommunikationsformen im Bienenstock entdeckt, der Zittertanz und der Rütteltanz. Mit dem Zittertanz wirbt eine Sammlerin im Stock für weitere Sammelaktivität im Gelände. Sie läuft dafür auf der Wabe in der Nähe von gerade beschäftigungslosen Nestgenossinnen und zittert dort mit ihrem gesamten Körper, diese nehmen die Vibrationen des Zittersignals wahr und begeben sich rasch zum Flugloch, um auszufliegen und Nektar zu sammeln.

Beim Rütteltanz ergreift eine Biene eine Nestgenossin mit den beiden Vorderbeinen und rüttelt sie, ein Signal, welches zur Arbeit als Nektarabnehmerin im Stock dient.

So organisiert sich die Gemeinschaft der Honigbienen mit vielen spezifischen Signalen und Kommunikationsweisen zu einem sehr effizient arbeitenden Gemeinwesen, dem Superorganismus.

Wir Menschen profitieren von dieser Effizienz durch das Ernten von Honig, der in solchen Mengen im Bienenvolk produziert und eingelagert wird, dass man einen Teil entnehmen kann und gleichzeitig genug zurücklassen kann, um die erfolgreiche Überwinterung des Volkes zu gewährleisten.

BIENENWISSENSCHA

LERS TRAUM

Fliege. Ich fliege. Überblicke die Landschaft, das Blumenfeld von oben. Statt der räumlichen Auflösung gibt es ein zeitliches Hintereinander. Gleichzeitig rechts, links, vorne sind die Farbflächen, sie sind Informationen. Ich verstehe unmittelbar. Alles ist gleich scharf zu sehen, wie Pixel, alles ungefähr gleich nah oder weit weg. So leicht fühlt es sich an. Es ist ein ständiges nach vorne Gleiten. Das Farbmuster ändert sich unaufhörlich mit meinem Forteilen. Müsste ich nicht die schnellen Bewegungen der Flügel spüren? 200 Mal pro Sekunde oder sogar 250 Mal? Was bedeutet das für die Muskeln? Wie werden die Übergänge in den Chitinpanzer belastet? Wie fühlt es sich dort an? Ein Vibrieren? Ein Ziehen? Wärme durch Bewegung oder Reibung? Nichts dergleichen. Ein zügiges Dahingleiten voller Energie mit wunderbarer Rundumsicht. Schnell. Die Farben, so hatte ich sie mir immer vorgestellt. Ganz anders als mein täglicher Blick und trotzdem weiß ich sofort, was die farbigen Flecken bedeuten, als wäre es mein tägliches Sehbild, mein Alltag. Was, wenn das Gehirn, meines – oder das

Bienengehirn, die Strahlen der Sonne und den Einfallswinkel im gleichen Moment ausrechnet und intuitiv umsetzt? Der Winkel der Flügelstellung, der erforderlich ist, um die Richtung zu halten, wird ganz automatisch eingenommen. Es fühlt sich richtig an. Unglaublich schön, das Fliegen, die Bewegung durch den Raum. Das Tiefensehen ist nicht gegeben. Die veränderten Farbwerte sind genauso, wie wir sie immer ermittelt haben: Gelb ist hier Blau und das Grün erscheint als warmes Grau. Wunderschön und abgegrenzt. Ganz unterschiedliche Blautöne, die Strukturen sind sichtbar, die roten Blüten erscheinen schwarz. Es sieht also wirklich so aus. Das ist die Welt, in der ich Tag für Tag bin, die ich erforsche, über die ich nachdenke. Hier ist plötzlich alles so selbstverständlich, so leicht zu verstehen, zu fühlen, hier ereignet es sich einfach. Der Blick von oben über die Wiesen, das Erkennen der Pflanzen – jetzt fällt alles in eins. Die genaue Unterscheidung zwischen den Welten entfällt, weil ich es jetzt ja selber fühle und sehe, weil ich mittendrin bin, es erlebe. Völlige Entlastung. Alles ist gleichzeitig sichtbar, es

forschen

muss kein Fokus gesetzt, keine Entscheidung getroffen werden. Alles passiert unmittelbar. Sogar der Geruch ist da, der Geschmack! Genau, wie in meiner Vorstellung – aber nun sehe und schmecke ich es wirklich im Traum. Es duftet. Ich bin von einer großen Freude erfüllt. Ich möchte alles erleben. Ich beobachte und bin gleichzeitig.

Freier Text zu einem Interviewfilm (Konzept Dorothea Brückner) mit dem Bienenwissenschaftler Randolf Menzel

Jahreszeiten

Die Bienen werden Kaulquappen
Die Kinder legen Eier
Sie beginnen zu brüten
Aus dem Laich der Frösche scheint es wärmer
Bei den Spatzen schießt der Saft ein
Die Triebe sprießen aus den Köpfen und Händen
Es lammen die Hunde
Vielerlei treibt
Und manches bricht aus
Und fliegt
Im ersten Sonnenstrahl
Und baut
Im Frühling ändert sich viel

leben

REM: Kopf

Augen

Die beiden Komplexaugen der Bienen, die auch Facettenaugen genannt werden, sind aus Tausenden von Einzelaugen, den Ommatidien, aufgebaut. Die Oberfläche des gesamten Auges erhält dadurch das auffällige Aussehen eines Wabenmusters. Unter jeder dieser dicht gepackten Omatidien-Einheiten liegt eine kleine Linse mit mehreren Photorezeptoren. Zwischen den Einheiten sind mechanosensorische Haare angeordnet, die den Windwiderstand beim Flug der Biene messen können. Die Sehschärfe des Komplexauges der Bienen ist geringer als die des menschlichen Auges.

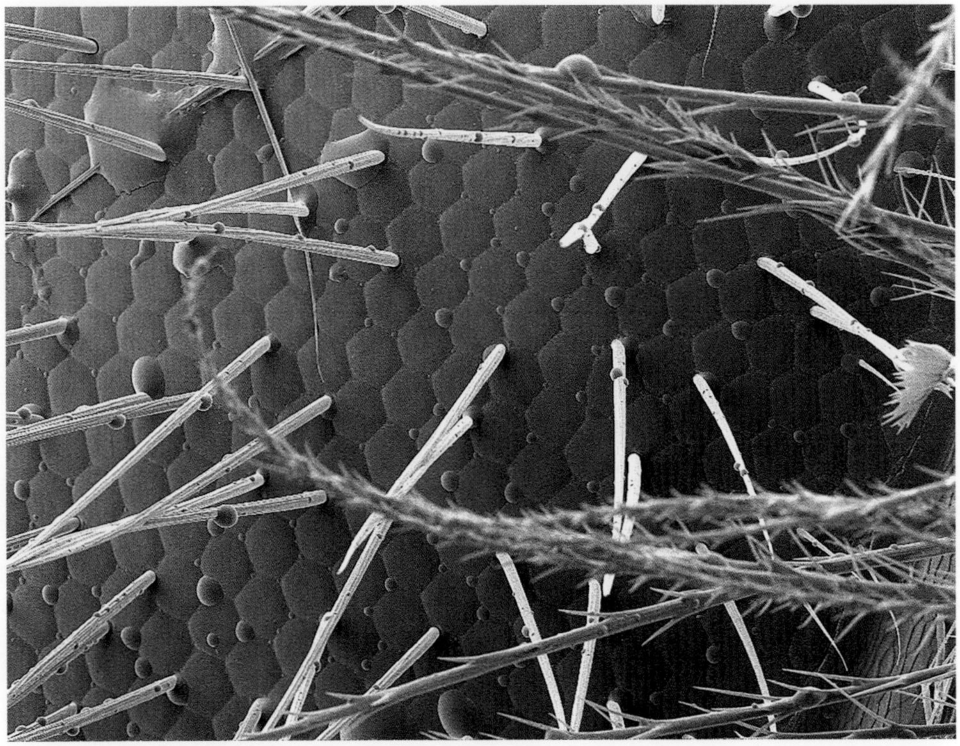

REM: Wabenförmige Sehzellen der Biene mit geschwindigkeitsmessenden Härchen

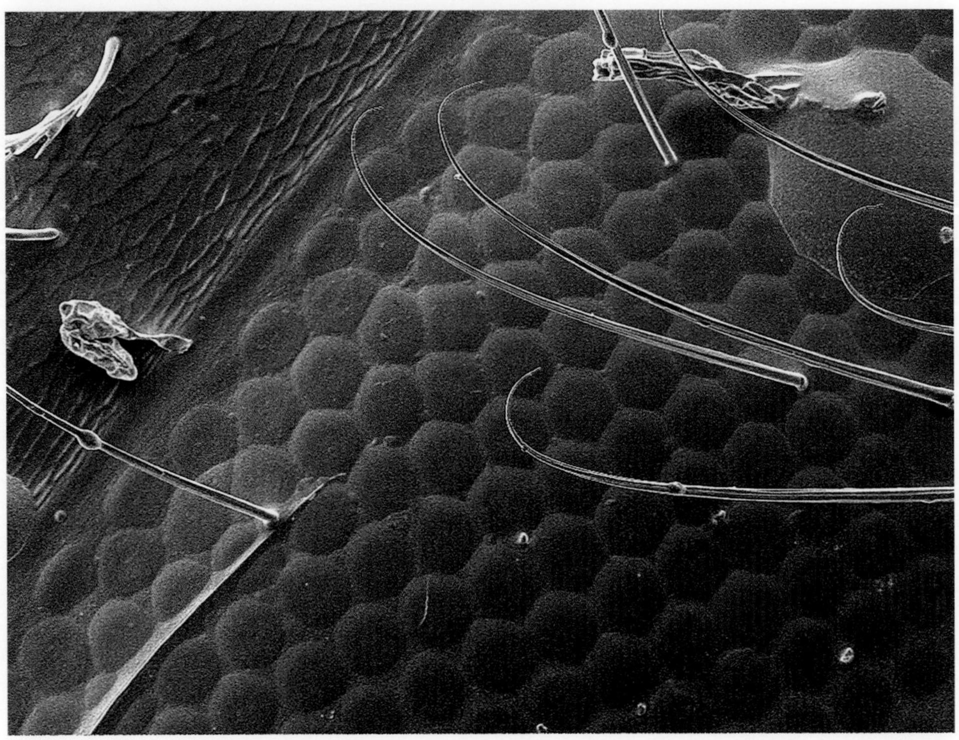

REM: Bienenhaare

Haarkleid

Der Bienenkörper wird beim Schlupf der Biene von einem dichten Haarkleid umhüllt, welches die Biene warm hält. Die Haare sind von ganz verschiedener Gestalt, die meisten sind jedoch wie Federn seitlich verzweigt. In diesen Federhaaren verfangen sich die Pollenkörner beim Nektarsammeln an den Blüten, die Bestäubung der Blüten geschieht über diese Pollenkörner im Haarkleid.

Hingesehen

Von oben ein zellenartiges Gitternetz
Vibrierend
Und ein bisschen durchsichtig
Der Körper geteilt in Segmente
Beweglich ineinandergehakte kleine Platten
Die einen genau vorgegebenen Radius erlauben
Die Farbe
Weniger Gelb und Schwarz
Als erwartet
Eher gelbbraun zu braunschwarz
Kein scharfer Kontrast
Ein freundliches Nebeneinander
Deutlich
Die Haare überall
Plüschiger Pelz
Auf der runden Mitte
Bei dieser steht der Schopf
Ein wenig schräg nach vorn
Wie eine Frisur, in die der Wind hineinbläst
Große, zur Seite gerichtete Augen
Je 360 wie Waben geformte Sehzellen
Für den Rundumblick
Dazwischen das strubbelige Haar
Die Fühler erst gerade,
Dann biegen sie ab
Und viele kleine Gelenke ermöglichen
Alle Richtungen
Auch die Beine gekerbt
In der Körpermitte angewachsen
Von innen nach außen
Werden die Abschnitte breiter
Um wieder schmal zu beginnen
Sie münden
In feinste und bewegliche Krallen
Das zweigeteilte Mundwerkzeug kann greifen
Und ist nach Unten gerichtet
Aus seiner Mitte
Kommt der zarte und lange wendige Rüssel
Der Füssiges aufsaugen kann

REM: Auge

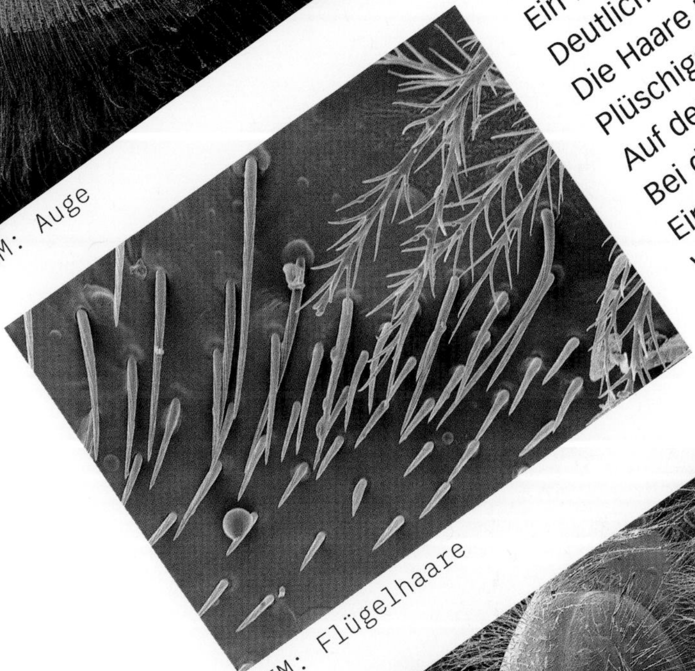

REM: Flügelhaare

REM: Auge

DIE SIZILIANISCHE HONIGBIENE UND DIE MAFIA

Auf der Insel Sizilien gibt es eine bestimmte endemische Unterart der Bienen, sie heißt Apis mellifera siciliana. Diese Bienen zeigen ganz besondere Verhaltensweisen. Normalerweise teilt sich ein Bienenvolk so, dass kurz vor dem Schlüpfen der neuen Königin die alte Königin mit circa einem Drittel des alten Bienenvolkes ausschwärmt und ein neues Bienenvolk an einem neuen Ort bildet. Auf Sizilien ist es aber so, dass gleichzeitig 80 Weiselzellen und mehr angelegt werden, in denen neue Königinnen heranwachsen. Täglich schlüpfen dann etwa 20 neue Königinnen, von denen acht bis zwölf Königinnen gemeinsam in einem Schwarm losfliegen. Das sind dann, anders als wir das von unseren Bienen in Deutschland kennen, ganz viele, relativ kleine Schwärme, bis zu 20 Schwärme aus einem einzigen Volk. Noch etwa drei Wochen bleiben diese neuen Bienenvölker so mit mehreren Königinnen zusammen und erst dann entscheiden sich die Arbeiterinnen für eine Königin und die anderen werden getötet. Dieses extreme Verhalten der Biene ist genau an die besondere Situation und das Klima auf Sizilien angepasst. Bienen unter Palmen haben spezielle Lebensbedingungen. Die Bienen machen keine Winterpause wie bei uns, sie sind über den Winter aktiv, sie haben nur eine mehrmonatige Ruhephase im Sommer, wenn es ganz heiß wird und es so trocken ist, dass nichts mehr blüht. Die

Maßnahmen

Tickt tick tick
Ins Bienenfußgewinde
Herausgekämmt gestreckt
Das Bienenbeinchen
Heute einmal gerade,
Nicht genickt, gekrümmt
Schutzzölle
Grenzwerttoleranzdebatten
Insektizidverordnungen
Und Wildwiesenvereinigung
Stellvertreterkriege
Mit Schadensersatzsummen
Klimazonenkahlschlag
Und Vorverurteilung
Tick Tick Tick
Gesumsel wird leiser

Schwärme gehen im Frühjahr ab und müssen bis zur Sommerpause genug Vorräte gesammelt haben, um zu überleben.

Zur Bestäubung der Nutzpflanzen, hauptsächlich der Orangenplantagen, werden nach Sizilien Bienenvölker vom Festland importiert. Diese norditalienischen Bienen schienen auf den ersten Blick effizienter zu sein, weil sie größere Völker bilden und daher auch mehr Honig produzierten. Sie unterscheiden sich aber deutlich von den auf Sizilien lebenden Bienen, und diese einheimischen Bienen werden durch sie verdrängt. Aus Sicht der Bienenwissenschaft ist es hochinteressant, die endemischen Bienen, die an das Klima und andere Umweltbedingungen auf Sizilien angepasst sind, zu erforschen. Die Forscher und Forscherinnen wollten sie besser verstehen und damit auch die Möglichkeit bekommen, dazu beizutragen, den Ökotyp dieser Bienenunterarten zu erhalten.

Als zwei Doktoranden aus Dorotheas Arbeitsgruppe auf Sizilien waren, gab es gerade EU-Gelder zur Förderung der abgelegenen europäischen Regionen, und da Sizilien dazu zählte, hatte sie einen Antrag auf dieses Geld gestellt, um ein Schutzprogramm für die einheimischen Bienen zu starten.

Die Bienenstöcke sollten auf kleinen Lichtungen an Waldhängen aufgestellt werden, möglichst weit weg von den Orangenplantagen mit den importierten Bienen. Zur Durchführung des Projektes wurde den Wissenschaftlerinnen ein Forstbeamter zugeteilt, der auch die Gelder verwalten sollte. Er musste über alles informiert werden und war formal auch ein Mitarbeiter des Projekts. Es dauerte mehrere Wochen, bis die Anträge bearbeitet waren, aber als dann die Gelder endlich bewilligt waren, waren sie genauso schnell wieder verschwunden. Den Forstbeamten konnten sie ganz plötzlich nicht mehr erreichen. Das Geld blieb unauffindbar und der Forstbeamte kam wegen Straftaten, die er im Zusammenhang mit seiner Zugehörigkeit zur Mafia begangen hatte, ins Gefängnis. Damit war das Rettungsprogramm für die sizilianische Honigbienen leider beendet.

»Wir wissen bis heute nicht, warum die Bienen in dieser außergewöhnlichen Form, mit mehreren Königinnen, schwärmen und welche weiteren Verhaltensweisen sie zum Überleben in ihrer speziellen Umwelt dort erworben haben. Wir konnten daraufhin auch nichts mehr für den Erhalt dieser besonderen Unterart tun.«, beendete Dorothea diese Geschichte.

Kleine Störung

Die Meine ist Sommer
Rot, klein und niedlich
Musik und Kreide
Ein Badetier
Das schaukelt
Bist drinnen und draußen
Grünsatt und schön
Ein bisschen traurig
Barfuß pflücken
Die Früchte duften
Plötzlich: Nein
Ein hässliches Summen
Gelbschwarze
Giftigböse
Ich springe und hetze
Wespenbienehornisse alles
Ich schlage aus der Haut
Nur weg hier so viele
Ich eile und schrecke
Alles verdorben

Der Stich

Sie setzt sich
Auf den unbedeckten Handrücken
Bleibt still
Lässt sich nicht wegpusten
Bleibt trotz Abwehr- und Wischbewegung sitzen
Verschwindet nicht
Wieso?
Jäh einsetzendes durchdringendes Brennen
Erklärt es
Endlich
Nach mehreren aufgeregten Versuchen
Lässt sie sich wegwischen
Es bleibt ein pulsierender Stachel
Mit der ausgerissenen Giftblase
Puls für Puls
Schraubt sich
Der mobile Stachel tiefer
Pumpt weiter das Gift
Dann ist der Stachel heraus
Der Einstich bleibt
Ein winziger schwarzer Punkt
Begleitet von Herzklopfen
Umgeben von Schmerz
Und dem Gefühl
Die Finger nicht mehr bewegen zu können
Als seien sie starr
Nachts intensives
In den Arm strahlendes bohrendes Weh
Am Morgen die Hand
Wie ein aufgeblasener Latex-Handschuh
Einen Gegenstand damit festhalten
Den Rist zu beugen
Unmöglich
Gegen Mittag lässt das Stechen nach
Weicht einem schwächerem
Und punktuellem Grundschmerz
Die Hand kann wieder greifen
Die Schwellung bleibt noch zwei Tage
Ich bleibe sehr beeindruckt
Zurück

DUFT-WAHRNEHMUNG BEI DER BIENE ADELHEID

REM: Temperaturfühlende und Riechmoleküle aufnehmende Fühler

»Ich erinnere mich besonders an die Biene, die von den Studierenden den Namen Adelheid erhalten hat – da hieß es immer Adelheid will die Buttersäure nicht lernen – das habe ich nicht vergessen.«, erinnerte sich Dorothea, »normalerweise werden Versuchsbienen mit Buchstaben gekennzeichnet. Also Biene A1, A 2, B 1, B 2 und so weiter.«

Es ging darum, das Lernverhalten bei der Duftwahrnehmung der Bienen zu untersuchen. Eigentlich konnte man den Bienen mithilfe einer Belohnung fast alle Düfte beibringen. Und die Bienenwissenschaftlerin Dorothea und ihre Mitarbeiterinnen konnten auch nachweisen, dass sie sich an das Gelernte mehrere Tage lang erinnern können.

Dorothea beschreibt: »Die Versuchsanordnung ist ganz einfach. Man fängt Sammelbienen am Flugloch ab, befestigt jede einzeln in einem Plastikröhrchen, damit sie nicht wegfliegen kann und bläst ihnen dann einen bestimmten Duft auf die Fühler und belohnt sie gleichzeitig mit süßem Zuckerwasser. Wenn diese beiden Reize gekoppelt worden sind, zeigt die Biene später eine Reaktion in Erwartung auf die Belohnung, wenn allein der Duft kommt – sie hat den Duft also gelernt. Ich blase einer Biene, die vorher duftnaiv war und Hexanolduft im Labor gelernt hat, Hexanolduft auf die Fühler. Sofort klappt sie reflexartig den Rüssel heraus in Erwartung der Belohnung. Bei einem Duft, den sie nicht gelernt hat, bleibt der Rüssel zurückgeklappt.

Man kann ihnen auch Düfte beibringen, denen sie in der Natur eher ausgewichen wären.«

Die Bienenwissenschaftlerinnen waren völlig begeistert: »Sie können sogar Düfte unterscheiden, wenn es sich um Duftgemische handelt. Angenommen, wir mischen zwei Düfte in einem Verhältnis 30% Duft A und 70 % Duft B, dann konnten Bienen das ganz zuverlässig unterscheiden, wenn wir ihnen ein Gemisch 70 % Duft A und 30 % Duft B angeboten haben – obwohl es dieselben Duftkomponenten waren, nur in einem anderen Mischungsverhältnis.«

Das Besondere bei der Erforschung der Biene ist, dass sie, die so extrem zielstrebig bei ihrer eigentlichen Aufgabe, dem Sammeln von Nektar, ist, selbst in der Laborsituation stets kooperiert und lernwillig ist.

»Und besonders schön war, dass wir die Bienen nach dem Experiment mit Farbtupfen markieren und wieder zurück zu ihrem Stock fliegen ließen, wo wir sie am folgenden Tag wieder bei ihrer natürlichen Tätigkeit, dem Sammeln von Nektar, beobachten konnten«, erzählte Dorothea und: »Sie hießen dann Elfriede oder Gudrun oder eben Adelheid – aber die wollte ja eben die Buttersäure nicht lernen und bleibt deshalb als besondere Versuchsbiene für mich unvergessen.«

Fühler

Mit den Fühlern riechen und tasten die Bienen und können sich so im dunkelen Bienenstock orientieren. Auf der Oberfläche der beiden Fühler befinden sich für diese Funktionen Haarsensillen, Riechkegel und Porenplatten, durch deren feine Löcher die Duftmoleküle direkt zu den Sinneszellen gelangen, von denen der Reiz dann zum Gehirn weitergeleitet wird. Mit den Haarsensillen, die zwischen den Porenplatten stehen, tasten die Bienen ihre Umgebung ab, sowohl die Wachswaben im Bienenvolk als auch die Blütenstrukturen beim Nektarsammeln. Ohne ihre Hilfe könnten sie die charakteristischen sechseckigen Zellen nicht bauen.

Die Sinneszellen unter den Grubenkegeln messen den Kohlendioxidgehalt der Luft, die relative Luftfeuchtigkeit und die Temperatur. So sind die Bienen in der Lage, ihr Nestklima sehr genau wahrzunehmen und gegebenenfalls zu regulieren.

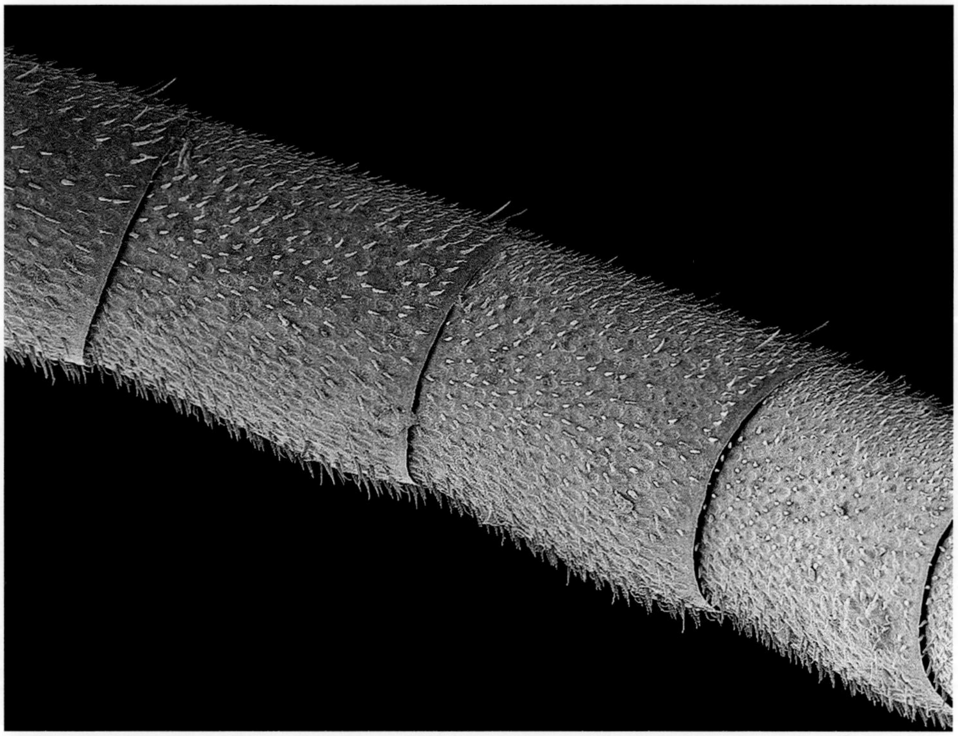

REM:Fühler

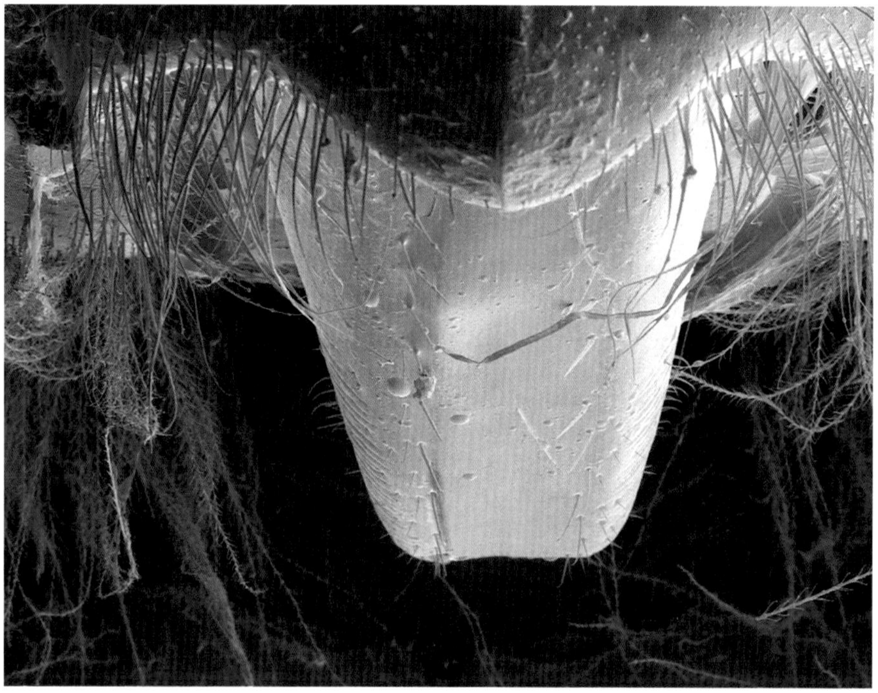

REM: Leckend-saugende Mundwerkzeuge
zum Honig- und Wachskauen

Mundwerkzeuge

Die Mundwerkzeuge der Honigbienen sind so geformt, dass sie mit einem Rüssel saugen und lecken können und dass ihre zangenförmigen Oberkiefer, Mandibeln genannt, Wachs und Pollen kneten und formen können. Im Rüssel befindet sich eine lange Zunge, die herausgestreckt werden kann und deren löffelförmige Spitze stark behaart ist, um winzige Nektarmengen kapillar aufzunehmen. Für größere Nektarmengen benutzt die Biene ihren Rüssel als Saugrohr, in dem sie die Zunge auf- und abwärtsbewegen kann, um den Nektar in den Mund zu pumpen. Um den Mundbereich herum liegen Geschmacksorgane, mit denen die Biene die Zuckerkonzentration des Nektars wahrnehmen kann. Auch auf den Fühlern liegen solche Geschmacksorgane zum Schmecken des Nektars.

REM: Rüssel der Biene

REM: Rüssel

GROSSWILDJAGD

Dorothea machte ihren Postdoc in Kalifornien an der University of California in Berkley. Ihre experimentelle Bienenforschung fand im langgezogenen California Valley statt, in dem das Klima extrem günstig für die riesigen Gemüse- und Orangenplantagen ist und wo auch viele Mandelbäume gepflanzt wurden. Dort wachsen auch Erdbeeren, eigentlich alle Früchte, weil man gleich nach der Ernte wieder pflanzen kann und bis zu drei Ernten im Jahr hat.

Dorothea und zwei Kollegen forschen hier an genetisch gemischten Bienenvölkern. Die in Amerika gehaltene Honigbiene ist ein genetisches Gemisch aus der dunklen europäischen und der italienischen Biene, die gelbe Streifen auf dem Hinterleib trägt. In den Versuchen wurden

Bienenvölker benutzt, die aus amerikanischen Arbeiterinnen und solchen mit einer cordoval Mutante bestanden. Diese Farbmutante fällt durch ihre bräunliche Körperbehaarung auf und lässt sich daher gut von amerikanischen Arbeiterinnen unterscheiden. Durch die rein optische Unterscheidbarkeit der Arbeiterinnen konnte man die Durchmischung der Bienen im Volk durch einfaches Beobachten erkennen.

Die Forscherinnen und Forscher mussten also viel Zeit an den Bienenstöcken verbringen, weil man ja nicht genau wissen konnte, wann die Bienen schwärmen. Dorothea erzählte: »Wenn ein Schwarm abging, mussten wir blitzschnell sein und den Schwarm einfangen, um ihn untersuchen zu können. Die Frage war: Würden sich die Bienen beim Schwärmen in entweder der einen genetischen Herkunftsgruppe oder nur in der anderen zusammenfinden oder würden sie gemischt schwärmen?«

Die Bienen der eingefangenen Schwärme sollten gezählt werden. Wenn man Glück hatte, ließen sich die Schwärme in der Nähe nieder, vor allem hofften die Wissenschaftler, dass der Schwarm sich nicht an den Kamin auf einem Häuserdach setzte, an das man dann nicht herankamen, und dass der Baum nicht zu hoch war, der als erster Rastplatz des Schwarms diente. Wenn nach vielen Stunden oder manchmal auch Tagen des Wartens das Einfangen des Schwarms glückte, konnte er durchgezählt werden und die Bienenforscherinnen und Bienenforscher konnten bestimmen, wie viel Bienen der einen und der anderen Sorte darunter waren.

Eines Tages als Dorothea wieder bei den Bienenstöcken saß, raschelte es sehr laut unter dem Stock. Plötzlich sprang der eine Postdoc, Tom, auf und rannte in sein Haus. Es raschelte weiter. Als Tom wieder herauskam richtete er ein Gewehr auf die Bienenstöcke. Dorothea erzählte: »Alle brachten sich schnell in Sicherheit, bevor der Schuss krachte – das war wirklich eine Überraschung – Bienen, für die mit dem Gewehr gekämpft wurde!

Doch dann konnten wir es auch sehen – unter den Bienenständen hatte sich ein Stinktier zu schaffen gemacht – und wahrscheinlich aus Angst, das Tier könnte seinen unerträglichen Gestank dort verbreiten und damit den Bienenstand unbrauchbar machen, wurde es von Tom wie ein Großwild erlegt.«

bauen

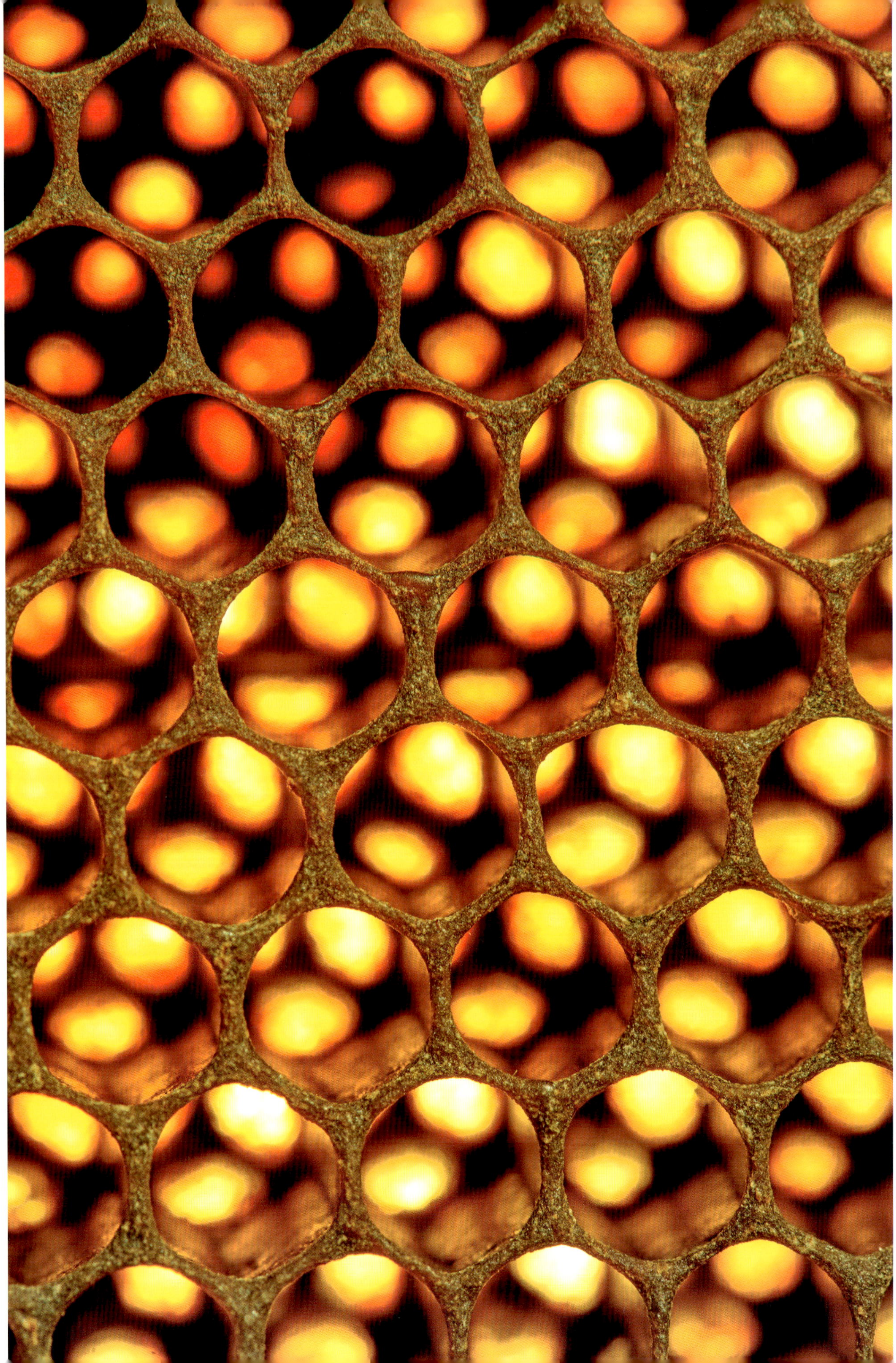

bauen

Bauen

Honigbienen bauen ihre Wabenzellen aus körpereigenem Wachs. An der Bauchseite des Hinterleibs besitzt jede Biene vier Wachsdrüsenpaare, mit denen sie flüssiges Wachs produzieren kann, welches an der Luft sofort zu kleinen Plättchen erhärtet. Ein einzelnes Wachsplättchen wiegt nur 0,008 Gramm. Mit ihren Mundwerkzeugen verarbeitet die Biene die Wachsplättchen und baut

sechseckige Wabenzellen daraus auf, die einen Durchmesser von etwa 5,2 mm und eine Tiefe von etwa 12 mm haben. Mit dem Bau der einzelnen Wabe beginnen die Bienen in ihrer leeren Baumhöhle oder dem Bienenkasten immer oben an der Decke, von wo aus sie senkrecht nach unten weiterbauen, bis der Boden erreicht ist. Es werden stets mehrere Waben parallel zueinander gebaut und dies solange, bis der gesamte freie Raum mit Wabenbau gefüllt ist. Der Abstand zwischen den Waben beträgt etwa 9 mm. In den so gebauten Wabengassen können die Bienen im Volk umherlaufen, um ihre Brut zu versorgen und die Futtervorräte, Nektar und Pollen, einzulagern.

bauen

bauen

EINE FIGURENBEUTE FÜR EIN SEHR ALTES GEBURTSTAGSKIND

Figurenbeuten sind Bienenstöcke in der Form einer Figur. Sie leiten sich von Klotzbeuten ab, die zu den ältesten künstlichen, also von Menschen geschaffenen, transportablen Bienenbehausungen gehören. In der norddeutschen Region entstammen die Figurenbeuten einer deutsch-polnischen Tradition, die schon in den 1740er-Jahren ihren Höhepunkt erreichte. Umso erstaunter war Dorothea, als es in den 1990er-Jahren eine regelrechte Renaissance solcher hölzernen Figurenbeuten gab. Sie wurde neugierig auf die Geschichte der Figurenbeuten – und schließlich wollte sie gern selber eine anfertigen lassen und in ihrer Nähe haben. Sie wollte sie vor dem Bienenforschungsinstitut in Bremen aufstellen, das sie zu ener Zeit leitete. Dorothea fragte: »Aber welche Form könnte diese Figurenbeute haben?« Sie machten eine Umfrage im Institut und baten um Vorschläge.

Die Ergebnisse waren ebenso unterschiedlich wie die Gründe für eine solche außergewöhnlich gestaltete Bienenbehausung. Im 18. Jahrhundert

Tradition

entwickelte sich die Imkerei hin zu einer planbaren Bienenhaltung. Die Zeidler, die bis dahin den Honig aus Baumnestern in den Wäldern holten, begannen, hohle Baum-Abschnitte, in denen ein Bienenvolk wohnte, abzusägen und nach Hause zu tragen, um die Honiggewinnung für sie einfacher und vorausschaubarer zu machen. Nachdem immer deutlicher wurde, welche Eigenschaften solch eine Bienenwohnung haben musste, damit sich das Bienenvolk darin wohlfühlen konnte und damit der Imker problemlos an die Waben herankam, um den Honig zu entnehmen, entstanden Bienenwohnungen auch aus anderen Materialien. Zum Beispiel gab es im Norden, in der Heide, häufig aus Stroh geflochtene Körbe. Und die abgeschnittenen Baumstämme (Klotzbeuten) wurden beschnitzt und bemalt. Teilweise entstanden Gestalten mit dämonischen und furchterregenden Gesichtern oder Fratzen und wehrhafte Soldaten. Als sicher gilt, dass diese

Figuren auch zum Schutz gegen den Diebstahl der Bienenvölker gemeint waren, etwa zur Abschreckung möglicher Diebe. Aber vielleicht hoffte man auch, mit ihnen Unheil aller Art von den Bienen und dem Gehöft abzuwenden.

Manchmal zeigten die Figurenbeuten Menschen, die, mit den Bienen in ihrem Bauch, sich die Weisheit und die Tugenden der Bienen einverleibt hatten und sich damit auch als machtvoll und stolz darstellten. Manchmal flogen die Bienen aus ihren Mündern ein und aus. Sie zeigten, dass sie diese Tiere in ihrem Inneren beherbergten und dass die Besitzer in der Lage waren, ihren Honig und das wertvolle Wachs zu ernten. Aber es gibt auch Figurenbeuten mit deutlicher Fruchtbarkeitssymbolik und symbolischer Schaffenskraft – warum sonst sind die Fluglöcher für die Bienen häufig an der Stelle der Genitalien angebracht?

Unter den Vorschlägen der Institutsmitglieder war einer, der mehrfach auftauchte und der Dorothea am besten gefiel – der Bremer Roland. Diese mittelalterliche Figur eines steinernen Rolands steht für die Einhaltung der Marktrechte vor dem Bremer Rathaus und ist ein Wahrzeichen der Hansestadt Bremen (inzwischen gemeinsam mit dem Rathaus auch UNESCO-Weltkulturerbe).

Da der steinerne Ritter Roland auf dem Marktplatz der Hansestadt Bremen 2004 seinen

500 Geburtstag feierte, wollte Dorothea ihm und den Bremern ein besonderes Geschenk machen: »Die Rolandfigur vom Marktplatz sollte einen geschnitzen Roland-Gegenüber mit einem Bienenvolk im Bauch im Bremer Stadtpark erhalten.« Sie beauftragte die Holzschnitzerin Birgit Maria Jönson aus Nürnberg, die Arbeit vor Ort unter freiem Himmel mit einer Kettensäge und Feinwerkzeugen auszuführen, sehr zur Freude des Waldkindergartens, der täglich vorbeischaute, um die Fortschritte beim Entstehen der Figur zu betrachten.

Auch Dorotheas Biologiestudentinnen und -studenten kamen täglich zum Schnitzort im Walde, denn sie filmten das Geschehen vom rohen geschlagenen 100-jährigen Eichenstamm mit Rinde bis hin zum fertig gestalteten, farbig bemalten und fein mit Schrift beschnitzten Roland mit Bienenfluglöchern in der Gürtelschnalle.

Dank des außergewöhnlichen Geburtstags des Bremer Markt-Rolands bekam unser Figurenbeuten-Roland sehr viel mediale Aufmerksamkeit.

Bei dem Filmprojekt der Studierenden sollte eine Vorlage für Biologie- und Kunstlehrer entstehen. Dorothea erhoffte sich davon, dass Lehrer angeregt werden sollten, interdisziplinär mit ihren Schülern eine Figurenbeute für ihre Schule zu entwerfen und später auch das Bienenvolk darin zu betreuen. So eine Figurenbeute könnte dann in ihrem Schulgarten stehen und tatsächlich gibt es

heute – 15 Jahre später – zahlreiche Schulen mit Figurenbeuten.

Der hölzerne Bienen-Roland im Stadtpark bekam noch ein Glasfenster vor den Hohlraum eingesetzt, durch das man dem Bienenvolk bei seiner Arbeit zuschauen kann. Die Bienen sammeln im Stadtwald und auf seinen Lichtungen Nektar und Pollen. Man sieht sie durch die Gürtelschnalle nach innen in die Figur verschwinden. Geht man um die Figurenbeute herum, so kann man eine Holztür öffnen und dann versuchen, durch die Glasscheibe die Sammlerinnen beim Bienentanz im Gewimmel ihres Bienenvolks wiederzufinden.

»Ob sich der steinerne Roland vom Marktplatz über mein Geburtstagsgeschenk gefreut hat, werde ich nie erfahren,« sagte Dorothea. »Er lächelt aber immer sehr freundlich zu mir herunter, wenn ich an ihm vorbei über den Markt gehe.«

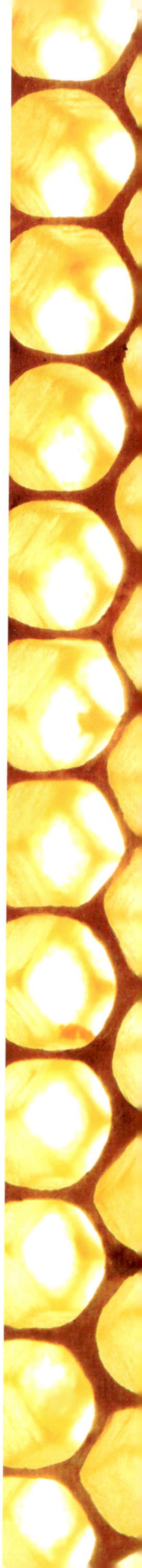

bauen

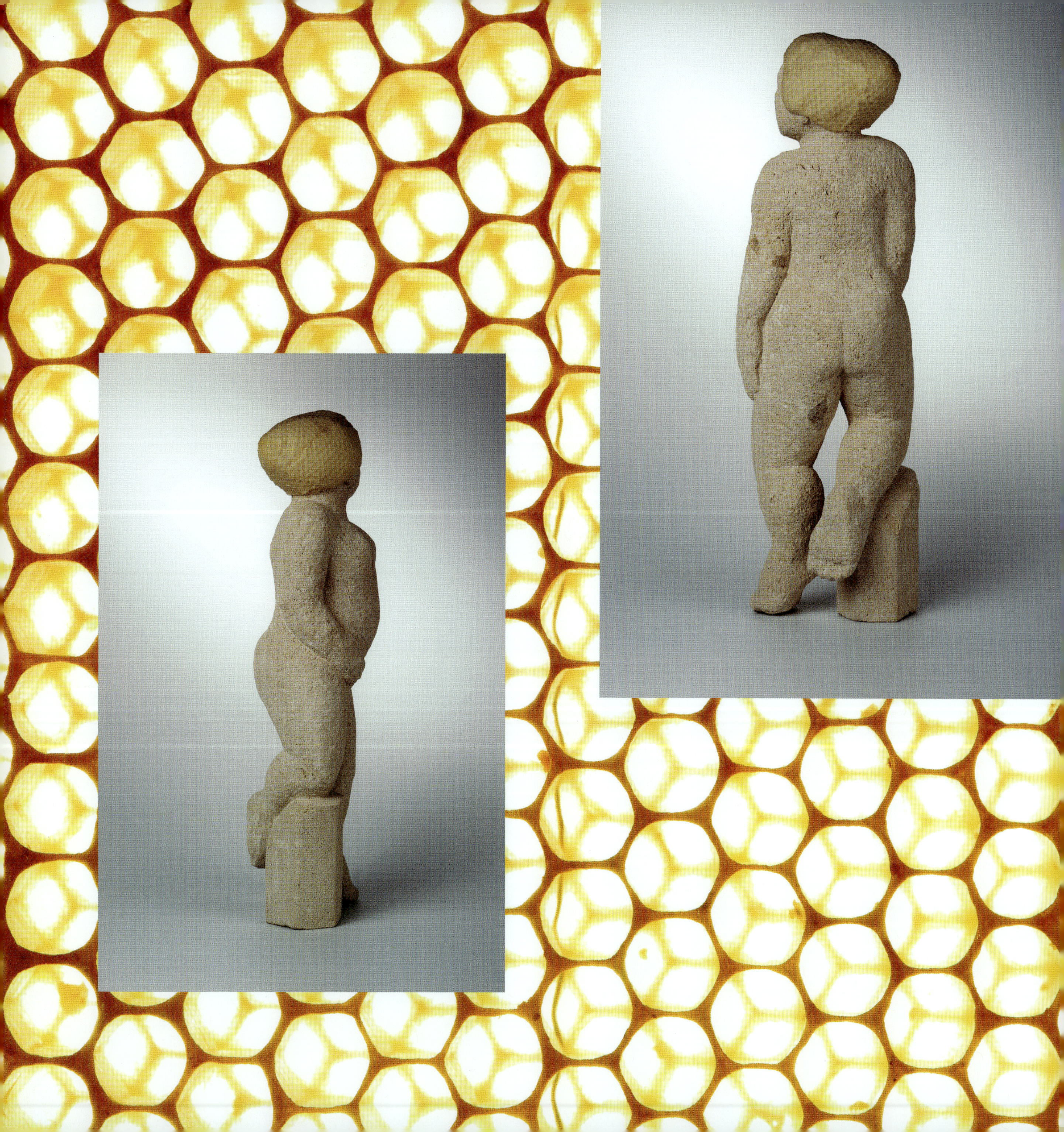

fliegen

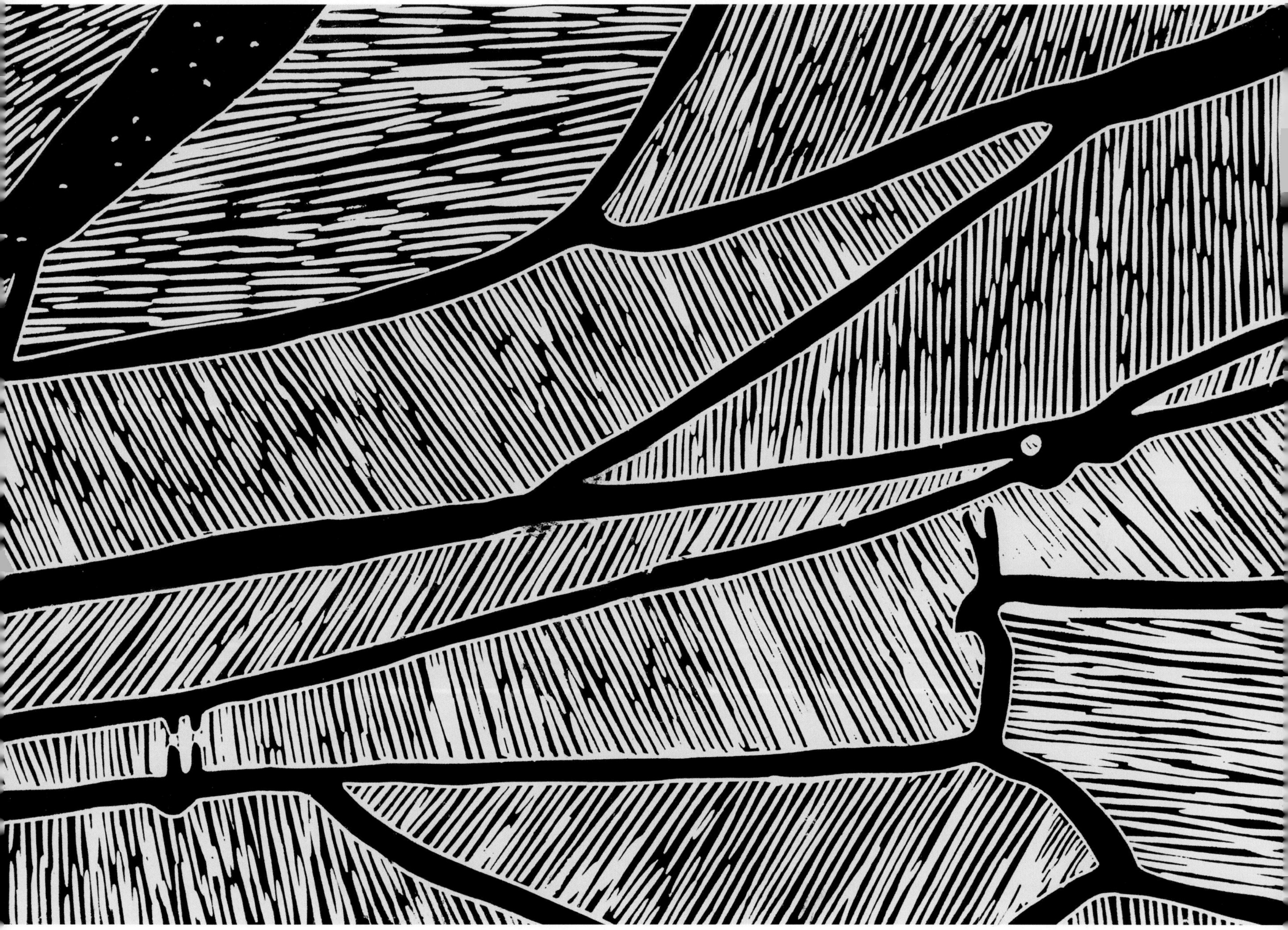

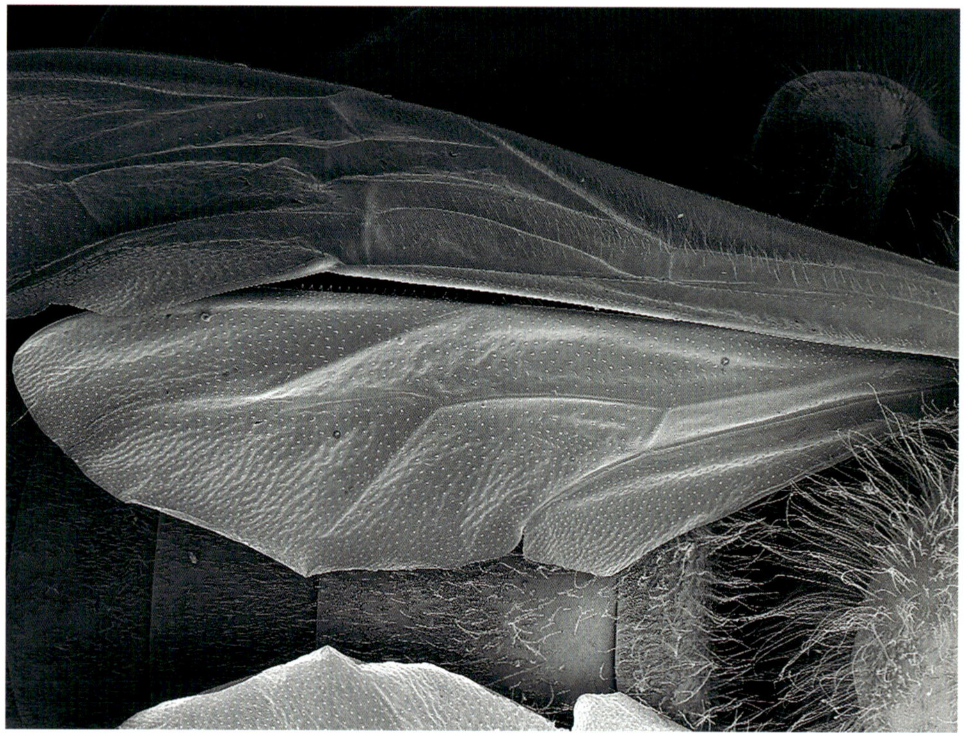

REM: Bienenflügel

FLÜGELSYMMETRIE

Im Rahmen ihrer Doktorarbeit untersuchte Dorothea einige Verhaltens- und Körperbaumerkmale von Honigbienen. Die Bienenvölker, mit denen sie arbeitete, standen in der Münchner Innenstadt hinter dem Zoologischen Institut in Gehentfernung zum Hauptbahnhof. Der Garten des Instituts war groß und mit Bäumen und Sträuchern bepflanzt, angrenzend an den alten botanischen Garten der Stadt.

Dort untersuchte Dorothea das Lernverhalten von Sammlerinnen, die sie an einen künstlichen Futterplatz in einem kleinen Gewächshaus im Garten trainierte. Ihre Aufgabe war es, Bienen mit normaler genetischer Variabilität mit solchen zu vergleichen, die durch Züchtung über mehrere Generationen eine reduzierte genetische Variabilität hatten. Es zeigte sich, dass die genetisch veränderten Bienen schlechtere Lernleistungen erbrachten als die unveränderten Bienen. Das Verhalten der Sammlerinnen war durch die Reduktion der genetischen Variabilität beeinträchtigt worden.

Sammlerinnen fliegen täglich mehrere Kilometer zu den Blumen und blühenden Bäumen, bei denen sie Nektar und Pollen sammeln können. Sie benutzen extra dafür ausgebildete Flügel, die durch ihr Geäder verstärkt sind und als Tragflächen dienen können, wenn Lasten wie der gesammelte Pollen an den Hinterbeinen der Sammlerinnen hängen.

Dorothea fragte sich, ob eventuell auch der Bau des Flügelpaares durch die Reduzierung der genetischen Variabilität beeinflusst sein könnte.

Die Flügel einer Biene sind häutige Flügel. Die Jungbiene schlüpft mit weichen, gefalteten Flügeln, die durch eine Art Ader-Konstruktion strukturiert sind. Schnell füllen sich die miteinander verbundenen Chitinadern mit Luft. Sie sehen wie ein Gitter mit zarter Chitinhaut in den Zwischenräumen aus. Durch die Luft erhärten die Chitinadern und bilden so ein flexibles und gleichzeitig stabiles Gerüst für die beiden Flügelpaare. Die kleinen Flächen, die Zellen, die sich auf der Flügelfläche ergeben, die durch die Adern wie durch Stege umschlossen sind, sind für die jeweiligen Bienenarten spezifisch und man kann die verschiedenen Arten durch sie unterscheiden. Dafür misst man die Flügel und nimmt bestimmte Punkte, die Knoten und die Stege als Maßpunkte.

REM: Zwei Bienenflügel auf einer Seite

Auf den ersten Blick sieht es aus, als hätten die Bienen nur einen einzigen rechten und einen einzigen linken Flügel. Wenn man genau hinschaut, sieht man aber, dass jeder Flügel aus einem Vorder- und einem Hinterflügel besteht, die durch einen Art Spiralverschluss verbunden ist. Meist sind die beiden Flügel verbunden, in der Ruhestellung können die beiden Flügel aber auch auseinandergehakt werden. Die Flügel selbst sind durch ein sehr bewegliches Gelenk am Brustpanzer angewachsen. So können die Bienen sie dicht an den Körperrücken anlegen und kommen trotz ihrer relativ großen Flügelfläche in der Enge des Bienenstockes gut zurecht.

Dorothea wählte also das Merkmal Flügelsymmetrie für ihre Untersuchungen aus.

Die genaue Betrachtung des Geäders der Flügel kann benutzt werden, um die Unterarten der Honigbienen zu unterscheiden, und man benutzt dazu die Messungen eines Vorderflügels. Dorothea aber wollte beide Flügelpaare einer Biene benutzen, um etwas über die Symmetrie und damit auch die Flugleistung der Tiere aussagen zu können.

Nach mühsamen Messungen Hunderter Winkel im Geäder der Flügel und Streckenlängen

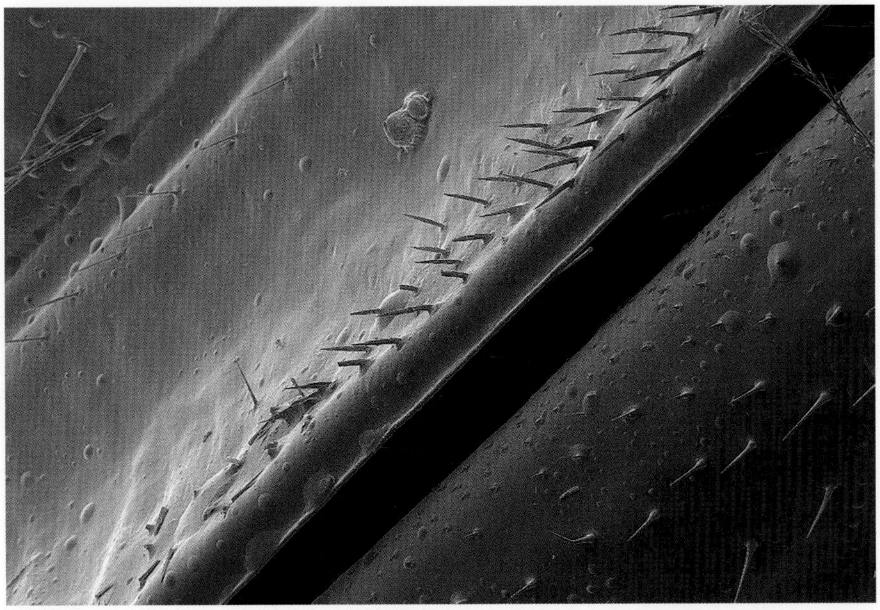

REM: Spalt zwischen den beiden Flügeln

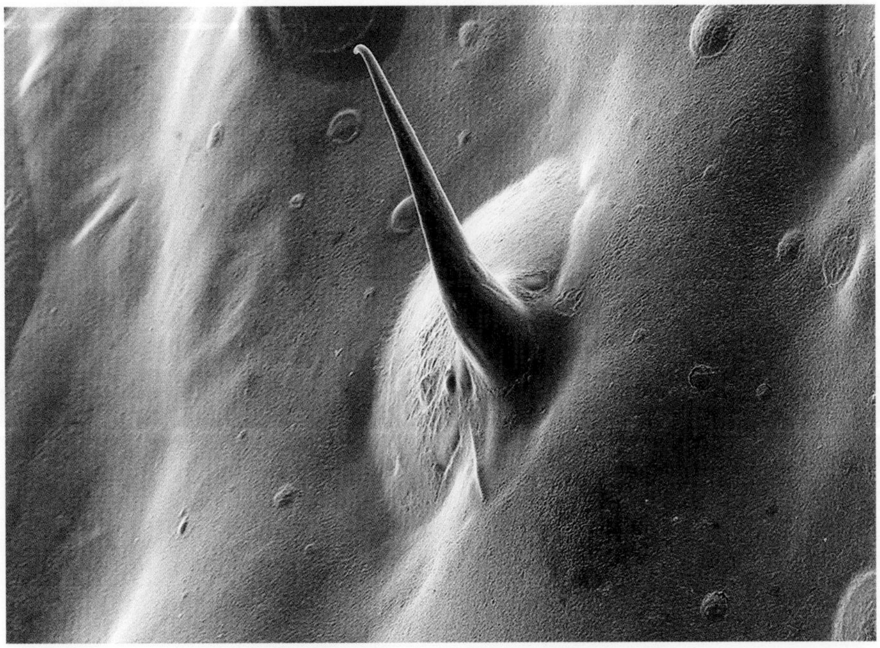

REM: Haar auf dem Flügel

einzelner Aderabschnitte hatte sie dann einen genügend großen Datensatz für Bienen unterschiedlicher genetischer Variabilität erzeugt.

Es stellte sich heraus, dass auch das Merkmal Flügelsymmetrie durch die genetische Reduzierung beeinträchtigt worden war. Die innere Ausgeglichenheit, genannt Homeostasis, war beim Wachsen der Flügel nicht mehr im gleichen Maße vorhanden wie bei den normalen Tieren. Das hatte Auswirkungen auf die Flugleistungen und auf die Zielgenauigkeit beim Fliegen der Bienen, also auf ganz zentrale Funktionen im Bienenleben.

Dorothea: »Diese Untersuchungen fielen mir wieder ein, als ich die Linolschnitte mit Strukturen von Bienenflügeln von Bettina Thierig betrachtete, die sie im Hansewissenschaftskolleg angefertigt hatte. Kunst und Wissenschaft!«

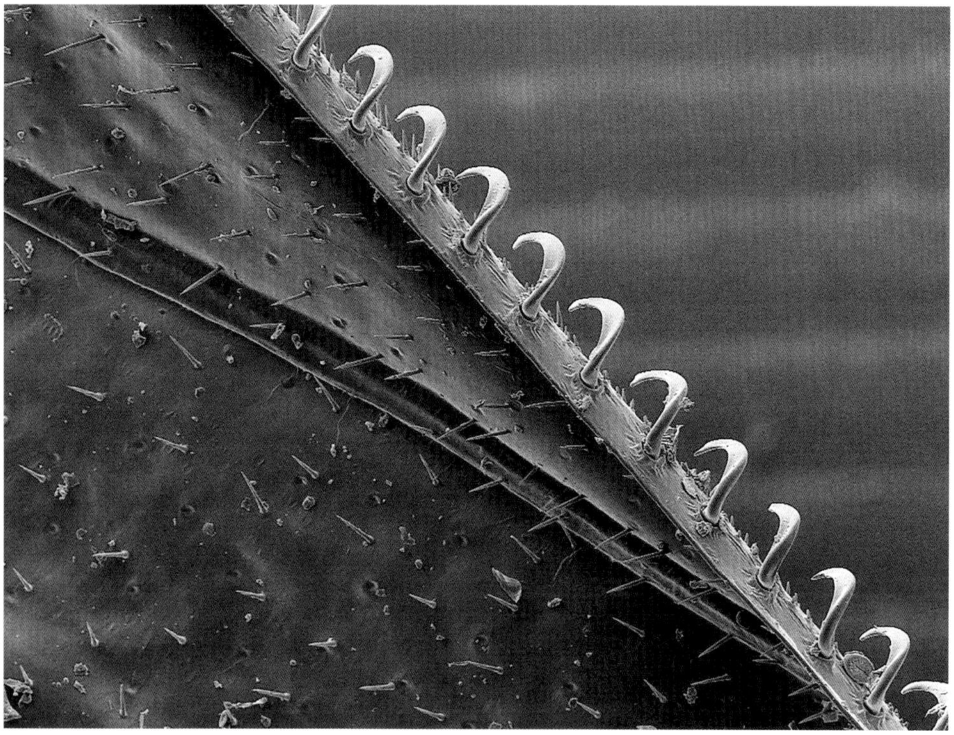

REM: Flügelhäkchen

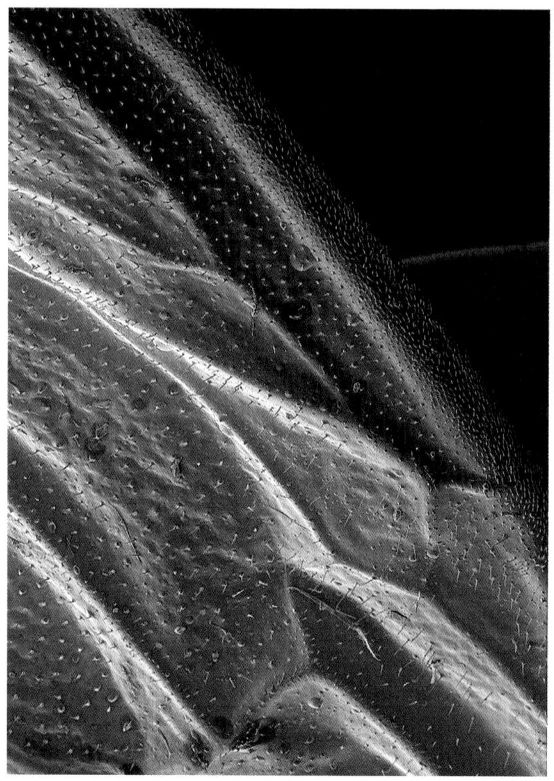

REM: Flügelstrukturen

REM Flügel

Bienen besitzen stets zwei Flügelpaare, einen größeren Vorderflügel und einen kleineren Hinterflügel. Kräftige Flügeladern festigen die häutigen Flügel und unterteilen sie in Felder und Zellen. Während des Fluges verbinden sich Vorder- und Hinterflügel zu einer Fläche. Dies geschieht, indem 20 Häkchen am Vorderrand des Hinterflügels in eine Haftfalte des Vorderflügels gedrückt werden. Die Flügel schwirren mit einer Frequenz von 75–150 Schlägen pro Sekunde. Auf dem REM-Foto sieht man einen Teil der Flügelhäkchen.

fliegen

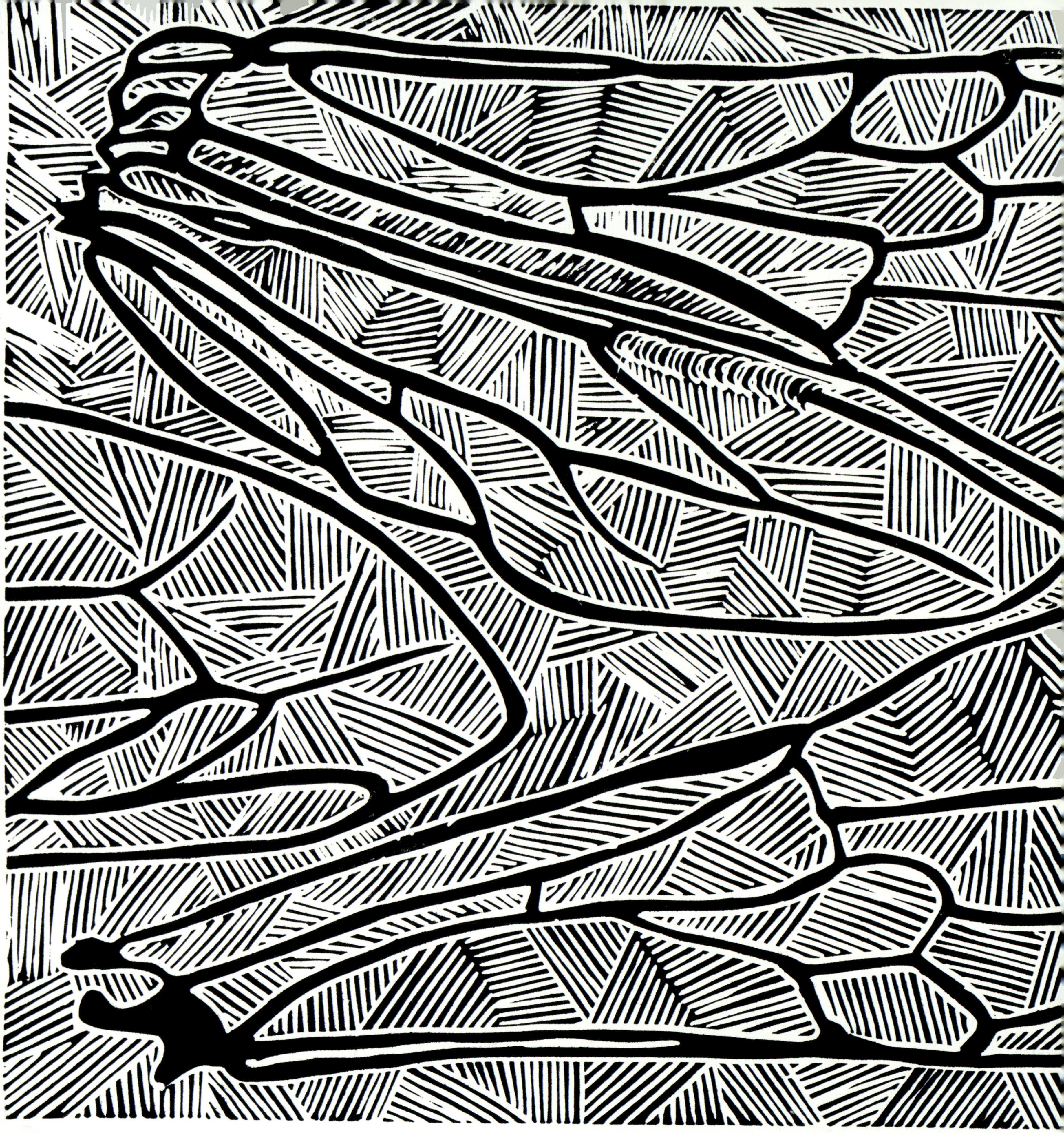

fliegen

REM: Flügelhaare

REM: Flügelhäkchen

fliegen

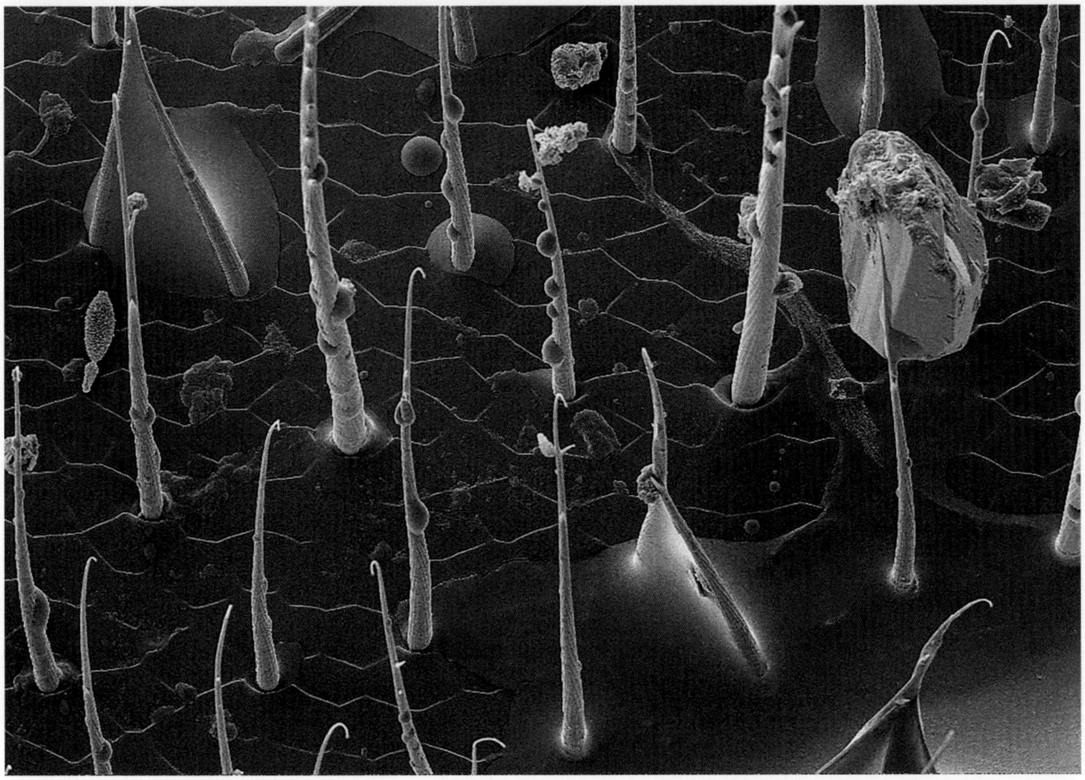

REM: Haare auf den Flügeln

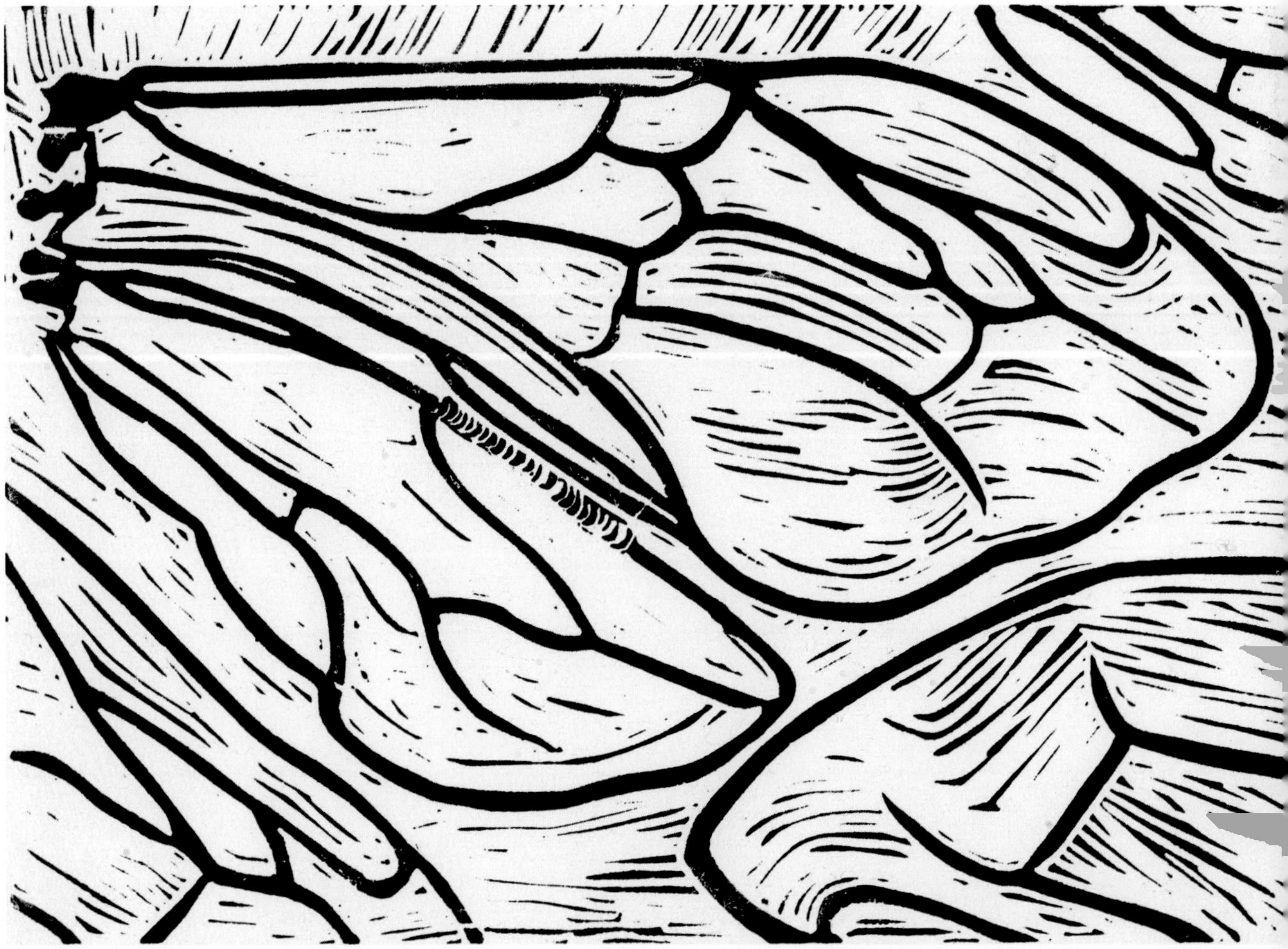

fliegen

ÜBER DIE AUTORINNEN

Bettina Thierig

Foto: Dirk Silz

Ich lebe und arbeite als Bildhauerin und Autorin in Lübeck. Ich arbeite vorwiegend in Stein, manchmal in Bronze, habe aber auch überlebensgroße Skulpturen mit der Motorsäge aus Lübecker Holz gesägt und ich kombiniere gerne verschiedene Materialien miteinander. Meine künstlerische Ausbildung fand bei Joachim Peter Kastner an der Universität Dortmund (Staatsexamen 1992) und der Kunstakademie Düsseldorf statt. Ausstellungen meiner Arbeiten fanden unter anderem in Dresden, Lübeck, Hude, Kiel, Ahrensburg, Hamburg, Witten, Dortmund, Bochum, Berlin, New York (USA), Karlsruhe, Frankfurt, Kotka (Finnland), Lyngby (Dänemark), Lisborn, Beckum, Mallorca statt. Plastiken im öffentlichen Raum sind in Lübeck-Moisling – Heinzelmännchengasse, Witten – Eselsmarkt, Hemer – Hans-Prinzhorn-Klinik sowie in Kastorf zu sehen. Große Wandarbeiten sind in der Universität zu Lübeck und in Kastorf. Ich war Dozentin an der Universität Dortmund und an der Fachhochschule Lübeck und als Kuratorin habe ich über neun Jahre das Projekt KunstBetriebe geleitet. Nachdem ich mich einige Jahre intensiv mit Wölfen in Wort, Bild und Skulptur beschäftigt habe, begann anlässlich eines Stipendiums am Hanse-Wissenschaftskolleg vor einigen Jahren meine Entdeckungsreise zu den Honigbienen.

www.bettina-thierig.de

Dorothea Brückner

Schon als Kind habe ich mich sehr intensiv mit dem Verhalten von Tieren beschäftigt. Ich wählte daher nach dem Abitur das Fach Zoologie als Schwerpunkt für mein Biologiestudium. Ein berühmter amerikanischer Bienenwissenschaftler namens Charles D. Michener brachte mich als Studentin auf die Idee, ein Thema über die Genetik der Honigbienen zum Gegenstand meiner Promotionsforschung zu machen. Ich promovierte damit an der LMU in München. Darauf folgte ein Forschungsaufenthalt an der Universität von Kalifornien in Berkeley, wo ich zum Thema Lernen bei Honigbienen arbeitete. Zurück in Deutschland baute ich eine Forschungsstelle für Bienenkunde an der Universität Bremen auf. So wurde die Honigbienenforschung meiner Studienjahre zum Lebensthema meiner wissenschaftlichen Tätigkeit. Die Komplexität des Verhaltens der Bienen, ihre Intelligenz und ihre Lebensstrategien faszinieren mich jeden Tag aufs Neue.

dorothea.brueckner@uni-bremen.de

Foto: Harald Rehling

MITWIRKENDE

Michael Haydn

Als Werbe- und Foodfotograf arbeite ich seit 1994 in meinem Studio in Eichede bei Hamburg. Das Arbeiten mit Licht, Arrangieren der Requisiten und Positionieren der Objekte ist meine tägliche Arbeit. Als Bettina Thierig mit ihrem Projekt auf mich zukam, war ich sofort begeistert. Ich beschäftigte mich mit den Eigenschaften des Honigs: Er ist zäh, klebrig und im richtigen Licht wirkt er goldig. Bald entstand der Gedanke, fließenden Honig zu fotografieren. Das Fotostudio verwandelte sich schnell in ein klebriges Honiglabor, in dem ich mit unzähligen, verschiedenfarbigen Honigen unterschiedlicher Konsistenz experimentierte, sie ineinanderlaufen ließ, Fäden zog oder Formen bildete. Es war ein schönes, neues Erlebnis, mit diesem wunderbaren Naturprodukt zu arbeiten!

Foto: Michael Haydn

Foto: Viola Hafer

Simca Schön

Ich habe »nachhaltiges Design« an der ecosign/Akademie für Gestaltung studiert. Als Kommunikationsdesignerin habe ich die Autorinnen unterstützt, ihre Ideen, Hingabe und Forschung auf kreative Weise in Buchform zu fassen. Ich bin fasziniert von interdisziplinärer Zusammenarbeit. Daher war es für mich eine schöne Aufgabe, die besondere Spannung aus den unterschiedlichen Forschungs- und Betrachtungsweisen zusammenzubringen.

ABBILDUNGEN

6/7 — Honigfotografie von Michael Haydn

9 — Bettina Thierig: »Bienenflügel I«, Linoldruck auf Papier, 52 × 75 cm, 2019

10/11 — Bettina Thierig »Biene«, Farbstift auf Papier, je ca. 40 × 40 cm, 2019; Honigfotografie von Michael Haydn

13 — Honigfotografie von Michael Haydn

14 — Bettina Thierig: »Biene frontal«, Linoldruck auf Papier, 20 × 27 cm, 2020

17 — Honigfotografie von Michael Haydn

18/19 — Honigfotografien von Michael Haydn

20/21 — Bettina Thierig: »Bienen- und Menschentanz«, Linoldruck auf Papier, je 57 × 40 cm, 2020

22/23 — Honigfotografie von Michael Haydn

24/25 — Honigfotografien von Michael Haydn

26 — Honigfotografie von Michael Haydn

28 — Bettina Thierig: Zeichnung »Biene« Bleistift auf Papier 12 × 15 cm, 2022

29 — Wabenfotografie von Michael Haydn

30/31 — Bettina Thierig: »Bienengewimmel I«, Savonnière, 25 × 36 × 18 cm, 2018; Foto: Michael Haydn

32 — Bettina Thierig: »Bienengewimmel I«, Linoldruck auf Papier, 26 × 39 cm, 2020

33 — Bettina Thierig: »Bienengewimmel I«, Savonnière, 25 × 36 × 18 cm, 2018; Fotos: Michael Haydn

34 — Bienenfotografie von Max Schön

35 — Bettina Thierig: »Bienengewimmel II«, Savonnière, 26 × 49 × 18 cm, 2020; Foto: Michael Haydn

36 — Bettina Thierig: »Bienengewimmel II«, Savonnière, 26 × 49 × 18 cm, 2020; Foto: Michael Haydn

37 — Bettina Thierig: Zeichnung, Bleistift auf Papier, 18 × 11 cm, 2020

38 — Bettina Thierig: »Bienengwimmel II«, Linoldruck auf Papier, 26 × 39 cm, 2021

39 — Bettina Thierig: »Bienengewimmel II«, Savonnière, 26 × 49 × 18 cm, 2020; Foto: Michael Haydn

40/41 — Honigfotografien von Michael Haydn

42 — Pollenfotografie von Michael Haydn

43 — Haare des Pollenkammes am Bienenhinterbein, Rasterelektronenmikroskopaufnahme, Harry Manfeldt, Institut für Anatomie der Universität zu Lübeck

44 — Antennenreiniger am Vorderbein, Rasterelektronenmikroskopaufnahme, Harry Manfeldt, Institut für Anatomie der Universität zu Lübeck
45 — Pollenfotografie von Michael Haydn
46 — Pollenkörner und Bienenhaar, Rasterelektronenmikroskopaufnahme, Harry Manfeldt, Institut für Anatomie der Universität zu Lübeck
47 — Pollenfotografie von Michael Haydn
48 — Bewegliche Glieder des Fußes, Rasterelektronenmikroskopaufnahme, Harry Manfeldt, Institut für Anatomie der Universität zu Lübeck
49 — Bienenfuß, Rasterelektronenmikroskopaufnahme, Harry Manfeldt, Institut für Anatomie der Universität zu Lübeck
50 — Kugelgelenk am Fühleransatz, Rasterelektronenmikroskopaufnahme, Harry Manfeldt, Institut für Anatomie der Universität zu Lübeck
51 — Kugelgelenk am Fühleransatz mit Pollenkörnern, Rasterelektronenmikroskopaufnahme, Harry Manfeldt, Institut für Anatomie der Universität zu Lübeck und Pollenfotografie von Michael Haydn
52 — Bettina Thierig: »Bienen auf Wabe II«, Linoldruck auf Papier, 20 × 27 cm, 2018
53 — Pollenfotografie von Michael Haydn
54 — Bettina Thierig: »Relief Bienen«, Savonnière und Bienenwachs, 13 × 28 × 3 cm, 2019; Foto: Michael Haydn
55 — Honigfotografie von Michael Haydn
56 — Honigfotografie von Michael Haydn
58/59 — Honigfotografie von Michael Haydn
60/61 — Honigfotografien von Michael Haydn
62/63 — Honigfotografien von Michael Haydn
65 — Bettina Thierig: »Biene von rechts«, Farbstiftzeichnung auf Papier, Ausschnitt, 35 × 50 cm
67 — Pollenfotografie von Michael Haydn
69 — Honigfotografie von Michael Haydn
70 — Wabenfotografie von Michael Haydn
71 — Bettina Thierig: »Biene im Profil«, Linoldruck auf Papier, 20 × 27 cm, 2018
72/73 — Wabenfotografie von Michael Haydn
74/75 — Honigfotografie von Michael Haydn
76 — Bettina Thierig: »Geisterbienennetz«, temporäre Installation Kirchhof Wichernkirche Lübeck-Moisling, Kunst VorOrt, Kulturfunke, Kunststoff, Acrylfarbe, Kabelbinder, Buchenholz, Honig und Seidenband, ca. 2 × 24 m, 2021; Foto: Michael Haydn
77 — Detail »Geisterbienennetz«; Foto: Michael Haydn
78/79 — Bettina Thierig: »Blickdichtung«, temporäre Installation Grundschule Roter Hahn Lübeck-Kücknitz, Kunst VorOrt, Kulturfunke, Bienenwachs auf Fensterglas, ca. 155 × 99 cm, 2021; Fotos: Michael Haydn
81 — Honigfotografie von Michael Haydn
82 — Kopf einer Biene, Rasterelektronenmikroskopaufnahme, Harry Manfeldt, Institut für Anatomie der Universität zu Lübeck
83/84 — Wabenförmige Sehzellen der Biene mit geschwindigkeitsmessenden Härchen und Haarkleid der Biene, Rasterelektronenmikroskopaufnahme, Harry Manfeldt, Institut für Anatomie der Universität zu Lübeck

85 — Augen und Haare der Biene, Rasterelektronenmikroskopaufnahme Harry Manfeldt, Institut für Anatomie der Universität zu Lübeck

87 — Honigfotografie von Michael Haydn

88 — Honigfotografie von Michael Haydn

90 — Honigfotografie von Michael Haydn

91 — Temperaturfühlende und Riechmoleküle aufnehmende Fühler, Rasterelektronenmikroskopaufnahme, Harry Manfeldt, Institut für Anatomie der Universität zu Lübeck

93 — Temperaturfühlende und Riechmoleküle aufnehmende Fühler, Rasterelektronenmikroskopaufnahme, Harry Manfeldt, Institut für Anatomie der Universität zu Lübeck

94 — Leckend-saugende, nur zum Honig- und Wachskauen ausgebildete Mundwerkzeuge, Rasterelektronenmikroskopaufnahme, Harry Manfeldt, Institut für Anatomie der Universität zu Lübeck

95 — Rüssel der Biene, Rasterelektronenmikroskopaufnahme, Harry Manfeldt, Institut für Anatomie der Universität zu Lübeck

96/97 — Honigfotografien von Michael Haydn

98 — Wabenfotografie von Michael Haydn

99 — Bettina Thierig: »Büste«, Savonnière und Bienenwachs, 22 × 13 × 11 cm, 2018; Foto: Michael Haydn

100/101 — Bettina Thierig: Büste, Savonnière und Bienenwachs, 19 × 35 × 16 cm, 2022; Foto: Michael Haydn

102/103 — Bettina Thierig: Büste, Savonnière und Bienenwachs, 26 × 26 × 15 cm, 2020; Foto: Michael Haydn

103 — Wabenfotografie von Michael Haydn

104 — Bettina Thierig: Zeichnung, Bleistift auf Papier, 10 × 15 cm, 2020

105 — Bettina Thierig: »Bienen auf Wabe I«, Linoldruck auf Papier, 20 × 27 cm, 2018

107 — Bettina Thierig: Skulptur, Obstholz, Wachs, Buch, für das Projekt »Fliegen und Friends« von Thomas Judisch; Foto: B. T.

109/111 — Bettina Thierig: »Büste«, Savonnière und Bienenwachs, 18 × 35 × 18 cm, 2018; Fotos: Michael Haydn

112 — Bienenfotografie von Michael Haydn

113 — Bettina Thierig: »Büste«, Faxekalkstein und Wachs, 16 × 17 × 17 cm, 2015; Foto: Michael Haydn

114/115 — Wabenfotografien von Michael Haydn

115 — Bettina Thierig: »Bienenkönigin«, Savonnière und Bienenwachs, 50 × 22 × 22 cm, 2018; Foto: Michael Haydn

116/117 — Bettina Thierig. »Relief Bienenflügel«, Savonnière, 24 × 19 × 3 cm, 2018; Foto: Michael Haydn

118 — Bettina Thierig: »Bienenflügel II«, Linoldruck auf Papier, 52 × 75 cm, 2019

119 — Bettina Thierig: »Bienenflügel III«, Linoldruck auf Papier, 52 × 75 cm, 2019

120 — Bienenflügel, Rasterelektronenmikroskopaufnahme, Harry Manfeldt, Institut für Anatomie der Universität zu Lübeck

121 — Bettina Thierig: »Bienenflügel«, Linoldruck auf Papier, 20 × 27 cm, 2018

122 — Zwei Bienenflügel auf einer Seite, Rasterelektronenmikroskopaufnahme, Harry Manfeldt, Institut für Anatomie der Universität zu Lübeck

123 — Spalt zwischen den beiden Flügeln, und Haar auf einem Flügel, Rasterelektronenmikroskopaufnahme, Harry Manfeldt, Institut für Anatomie der Universität zu Lübeck /// **124** — Flügelhäkchen und Flügelstrukturen, Rasterelektronenmikroskopaufnahme, Harry Manfeldt, Institut für Anatomie der Universität zu Lübeck /// **125** — Bettina Thierig: »Bienenflügel V«, Linoldruck auf Papier, 52 × 75 cm, 2019 /// **126/127** — Bettina Thierig: »Bienenflügel VI«, Linoldruck auf Papier, 52 × 75 cm, 2019 /// **128** — Wabenfotografie von Michael Haydn /// **129** — Bettina Thierig: »Bienenflügel IV«, Linoldruck auf Papier, 52 × 75 cm, 2019 /// **130** — Flügelhäkchen und Flügelhaare, Rasterelektronenmikroskopaufnahme, Harry Manfeldt, Institut für Anatomie der Universität zu Lübeck /// **131** — Flügelhaare, Rasterelektronenmikroskopaufnahme, Harry Manfeldt, Institut für Anatomie der Universität zu Lübeck und Bettina Thierig: »Bienenflügel«, Linoldruck auf Papier, 26 × 39 cm, 2019 /// **132** — Bettina Thierig: »Biene von links«, Farbstiftzeichnung auf Papier, Ausschnitt, 35 × 50 cm /// **133** — Honigfotografien von Michael Haydn /// **137** — Bettina Thierig: Büste, Savonnière und Bienenwachs, 18 × 18 × 35 cm, 2018; Foto: Michael Haydn